DER KIEMENAPPARAT DER CUMACEEN

Inaugural-Dissertation
zur Erlangung der Doktorwürde
genehmigt von der Philosophischen Fakultät
der Friedrich-Wilhelms-Universität zu Berlin

von

Herbert Simon
aus Breslau

Tag der Promotion: 12. Oktober 1926

Springer-Verlag Berlin Heidelberg GmbH 1926

Referenten:
    Professor Dr. C. Zimmer
    Professor Dr. P. Deegener

ISBN 978-3-662-40749-3   ISBN 978-3-662-41233-6 (eBook)
DOI 10.1007/978-3-662-41233-6

Sonderabdruck aus
Zeitschrift für Morphologie und Ökologie der Tiere. Bd. 6 Heft 4

Inhaltsübersicht.   Seite
I. Einleitung 646
II. Historische Übersicht 647
III. Eigene Untersuchung:
   A. *Diastylis glabra* (C. ZIMMER) 647
      1. Der Kiemenapparat des Weibchens 648
         a) Allgemeiner Habitus und Situs 648
         b) Erster Maxillipes 650
         c) Der feinere Bau des Kiemenapparates 652
         d) Die Muskulatur 654
         e) Schnitte durch die Kiemenhöhle 655
         f) Zusammenfassung der gegebenen Darstellung 656
      2. Der Kiemenapparat des Männchens im Hochzeitskleid . . . 657
   B. Der Bau des Kiemenapparates in den verschiedenen Familien und Gattungen der Ordnung 657
      1. Familie Diastylidae 658
      2. Familie Lampropidae 664
      3. Familie Pseudocumidae 667
      4. Familie Leuconidae 669
      5. Familie Nannastacidae 674
      6. Familie Bodotriidae 681
IV. Schlußzusammenfassung 687

Bei der Durchsicht der vorhandenen Literatur über die Ordnung Cumacea stellt sich bald heraus, daß bezüglich des Kiemenapparates noch mancherlei Unklarheiten bestehen, die einer eingehenden Nachprüfung bedürfen.

Aus diesem Grund folge ich gern der Anregung meines hochverehrten Lehrers, des Herrn Prof. Dr. C. ZIMMER, des Direktors des Museums für Naturkunde in Berlin, zur gründlichen Durcharbeitung und Darstellung der morphologischen Verhältnisse der Kiemenhöhle, des Kiemenapparates und des Atemprozesses bei den hauptsächlichsten Vertretern unter den bisher bekannt gewordenen Cumaceen. Für die mir dabei zuteil gewordene Unterstützung durch Erteilung von Ratschlägen, durch Überlassung von Material, Instrumenten und Literatur des Museums und aus der Privatbibliothek möchte ich Herrn Prof. Dr. ZIMMER an dieser Stelle meinen herzlichsten Dank aussprechen.

I. Einleitung.

Für die Durchführung meiner Aufgabe standen mir in Alkohol gehärtete Exemplare folgender Cumaceen zur Verfügung:

Fam. Diastylidae: *Diastylis glabra* (C. ZIMMER,)
,, *rathkei* (KR.),
,, *sulcata* CALMAN,
,, ,, var. *stuxbergi* C. ZIMMER,
,, *goodsiri* (BELL.),
,, *lucifera* (KR.),
Diastylopsis dawsonii S. I. SM.,
Dimorphostylis asiatica C. ZIMMER.
Fam. Lampropidae: *Lamprops fuscata* G. O. SARS.
Fam. Pseudocumidae: *Pseudocuma longicornis* (BATE),
Pterocuma pectinata (SOWINSKY).
Fam. Leuconidae: *Eudorella emarginata* (KR.),
Eudorellopsis integra (S. I. SM.),
Leucon nasica (KR.).
Fam. Nannastacidae: *Nannastacus sauteri* C. ZIMMER,
Campylaspis rubicunda (LILJ.),
,, *verrucosa* var. *antarctica* CALMAN.
Fam. Bodotriidae: *Vauntompsonia meridionalis* G. O. SARS,
Heterocuma africana C. ZIMMER,
Iphinoe trispinosa (GOODS.).

Wegen der durch die geringe Größe der Tiere — sie schwankt zwischen 1 und 20 mm — bedingten Unmöglichkeit, selbst mit guten Lupen durch Herauspräparieren des Kiemenapparates und seiner Anhänge völligen Aufschluß über den Bau der Kieme und die Anlage der Kiemenhöhle zu erhalten, ist die Anfertigung von Mikrotomschnitten unerläßlich. Es sei erwähnt, daß die Technik des Schneidens bei den Cumaceen, wie schon von STAPPERS (1909) und KARL SCHUCH (1913) betont wurde, einerseits wegen des Chitin und Kalk enthaltenden Körperintegumentes, andererseits wegen der sowohl in die Kiemenhöhlen, als auch in die Leibeshöhle eingedrungenen und dort sich aufhaltenden Luft besondere Schwierigkeiten bietet.

Zur Überwindung von Kalk und Chitin wurde von mir zum erstenmal bei Cumaceen das durch PAUL SCHULZE (1921) erprobte und mitgeteilte Verfahren mit Diaphanol mit gutem Erfolge benutzt. Es gelang, durch die Anwendung von 7 proz. Salpetersäurelösung, etwa 5 Stunden, und von reinem Diaphanol, bis etwa 48 Stunden, das Chitin so zu entkalken und zu erweichen, daß es für das Mikrotommesser gut durchgängig wurde und ein Ausbrechen oder Zerreißen des Objektes nicht mehr stattfand.

Zur Entfernung der Luft, bzw. der durch die Anwendung von Diaphanol entstandenen Kohlensäure, benutzte ich die Luftpumpe. Eine dadurch bedingte Beschädigung der Gewebe habe ich bei keinem Objekt festgestellt. Unter Benutzung der eben angeführten Methoden gelang es mir, Mikrotomschnitte von 5 μ an in jeder Stärke zu schneiden.

Neben der Einbettung in Paraffin versuchte ich auch die kombinierte Methode Celloidin-Paraffin, sowohl eine Durchtränkung des ganzen Objektes vor der Paraffineinbettung mit einer sehr schwachen Celloidinlösung, als auch die Überpinselung der Schnitte mit einer mittelstarken Lösung, wodurch das Rollen der Schnitte oder das Ausbrechen besonders harter Stellen verhindert wird.

II. Historische Entwicklung unserer Kenntnis vom Kiemenapparat der Cumaceen.

In seinen Untersuchungen über den Bau und die Entwicklung der Arthropoden kommt Dohrn (1870) auch auf den Kiemenapparat der Cumaceen zu sprechen.

Er berichtet über die kahnförmige Gestalt der Kieme und eine doppelte Befestigung mittels eines kürzeren Stranges an der Leibeswand und mittels mehrerer Chitinleisten an dem ersten Beinpaar.

G. O. Sars (1864, 1871, 1900) gibt eine weit eingehendere Beschreibung des Kiemenapparates. Er hat ihn als Anhang des ersten Maxillenfußpaares erkannt. "To the base of these limbs the remarkable branchial apparatus is movably appended, so as to admit of being swung freely within the roomy branchial cavities... this apparatus is composed of the modified epipodite and exopodite... the exopodal portions of the apparatus extend straight forwards..." Damit korrigiert er Dohrn, der bezüglich der Kieme von einer Befestigung an der Leibeswand gesprochen hatte.

Bei Burmester (1883) finden wir eine wesentlich ungenauere Darstellung. Er berichtet kurz, daß die Kiemen an dem ersten Kieferfußpaar befestigt sind, ohne auf die einzelnen Teile des ganzen Apparates einzugehen.

An anderer Stelle derselben Abhandlung schreibt er über die Bewegung der Kiemen: „Sie bewegen sich nach oben, der Wand der Leibeshöhle zu. Diese Bewegung wird eine längere Zeit unterbrochen, auf drei bis vier Schläge folgt eine Ruhe von einigen Sekunden; das Wasser tritt durch die Spalte, welche die Seiten des Cephalothoraxschildes mit der Bauchwand bilden, in die Kiemenhöhle ein und umspült die Kiemen, worauf es durch den von den Anhängen der Funiculi der beiderseitigen Kiemen (gemeint sind die Sarsschen Exopoditen) gebildeten Tubus ausgestoßen wird."

III. Eigene Untersuchung.
A. Diastylis glabra C. Zimmer.

Als Grundlage für meine Untersuchung nehme ich eine große Art, *Diastylis glabra* (C. Zimmer), von der Material hinreichend vorhanden war.

1. Kiemenapparat des Weibchens.

a) Allgemeiner Habitus und Situs.

Äußerlich treten die Branchialregionen am Karapax dadurch besonders hervor, daß sie durch eine Furche gegen die Kardialregion abgegrenzt werden (Abb. 1).

Ventral fallen, nachdem die Pereiopoden abpräpariert sind, die Ränder der Karapaxseiten, zwei Längswülsten ähnlich, besonders ins Auge; sie sind nach innen, der Leibeshöhlenwand zu, eingeschlagen und liegen dieser eng an, bilden jedoch an der Umlegestelle eine Furche, in die beim Männchen die langen Geißeln des Antennenpaares hineingelegt werden können. Bei entkalkten Exemplaren läßt sich leicht feststellen, daß die Karapaxränder hinten und an den Seiten mit dem

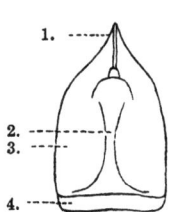
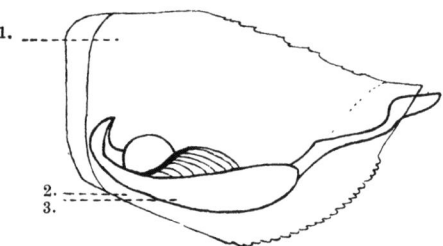

Abb. 1. *Karapax* (Rückenansicht, etwa 4 × vergr.). 1. Pseudorostrum. 2. Kardialregion. 3. Branchialregion. 4. Thorakalsegment.

Abb. 2. *Der Kiemenapparat unter dem Karapax* (unter Benutzung einer Abbildung von SARS gezeichnet, etwa 7 × vergr.). 1. Karapax dorsal. 2. Karapax ventral. 3. Kiemenapparat.

Rumpf verwachsen sind. Nur im vorderen ventralen Abschnitt sind sie frei.

Es gelingt, unter dem Pseudorostrum den von DOHRN mehrfach erwähnten „kleinen Anhang" und von SARS genannten „kleinen Zipfel" mit der Präpariernadel vorzuklappen (Abb. 2). Er hat die Form eines Dreiecks, ist mit der Spitze nach vorn gerichtet und berührt mit der Basis das Antennenpaar; man bemerkt eine Längsfurche, von der Spitze nach der Basis des Dreiecks verlaufend, die es in zwei Hälften teilt, trotzdem gelingt es ohne Anwendung von Gewalt nur, den Zipfel in toto mit der Präpariernadel zu bewegen.

Hebt man die nach innen geklappten Karapaxränder hoch, dann zeigt sich auf jeder Seite eine geräumige Höhle: die Kiemenhöhle. Der Karapax liegt demnach seitlich dem Rumpf keineswegs eng an, sondern bildet, wie schon bei der Betrachtung vom Rücken aus die Wölbungen andeuten, eine geräumige Höhle für ein langgestrecktes, dünnhäutiges Organ, das mit dem ersten Cormopoden verwachsen ist: dem Kiemenapparat.

Die Kiemenhöhle von *Diastylis glabra* wird an drei Seiten, dorsal, lateral und ventral, von dem Karapax und an der vierten Seite, medial, von der Leibeshöhlenwand begrenzt. Nimmt man den Karapax mit einer Schere weg, dann liegt eine einem Dreieck an Form ähnelnde, überall fast gleich flache Tasche frei (Abb. 2). Die Grundlinie dieses Dreiecks verläuft hinten längs des ersten freien Thorakalsegmentes, während die Spitze am Pseudorostrum zu denken ist. Am Boden dieser Tasche sieht man bei entkalkten und durch Diaphanol aufgehellten Objekten die Mundwerkzeuge und die Verdauungsorgane liegen bzw. durchschimmern. Von den Mundwerkzeugen fallen die Mandibeln auf. An der Ventralseite des Dreiecks, die dem Rande des weggenommenen Karapax entspricht, liegt der Kiemenapparat, der in seiner ganzen Ausdehnung von der Dreiecksbasis bis zur Ansatzstelle am ersten Maxillipes als dessen Epipodit — von mir im folgenden „Kiemenpartie" genannt — und von dort bis zum Pseudorostrum als bandförmige Verlängerung des Epipoditen reicht und von Sars als Exopodit

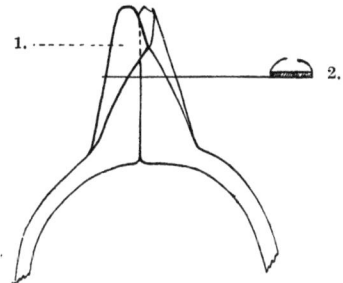

Abb. 3. *Die lanzettenförmige Spitze der Siphonalpartie des Epipoditen.* (Etwa 18 × vergr.) 1. Membran. Seitenlappen (dorsal gesehen). 2. Schematischer Querschnitt in Höhe der Schnittlinie.

bezeichnet wurde. Es stellt sich aber heraus, daß dieser letztere Teil nicht am Basipodit ansetzt, infolgedessen nicht als Exopodit anzusprechen ist. Ich wähle für ihn die Bezeichnung „Siphonalpartie".

Die Siphonalpartie ähnelt einer mit der Spitze nach vorn gerichteten, und um ihre Achse um 180° gedrehten Lanzettenhälfte (Abb. 3). Die Lanzettenhälften der beiden Siphonalpartien treten unter dem Pseudorostrum über den Antennenpaaren, Antennulae und Antennae, zu dem bereits erwähnten „kleinen Anhang" oder „Zipfel" in Dreiecksform zusammen: Gilsons Gnathorostrum (nach L. Stappers 1911). An den Berührungsflächen tritt eine feste Verkerbung ein, so daß es nicht gelingt, die beiden Dreieckshälften ohne Gewalt auseinander zu bringen. An den Außenseiten finden sich hautartige, weiche Lappen, die sich aneinander legend, den Wandungen des überstehenden Pseudorostrums sich anschmiegend, einen nach der Kiemenhöhle zu offen stehenden, mit der Auslaßöffnung in der Verlängerung der Körperachse nach vorn weisenden Trichter bilden. Die beiden Siphonalpartien passen sich in der Richtung nach vorn dem Verlaufe der Kiemenhöhle an, in der sie wie ein Schieber nur in der Längsrichtung hin- und herbewegt werden.

Das hintere Ende des Kiemenapparates dagegen kann Exkursionen in der senkrechten Richtung der Branchialregion unternehmen. In der Ruhe legt es sich dem Karapaxrande an.

b) Erster Maxillipes.

Die Befestigung des Kiemenapparates hat am ersten Cormopoden statt, der als Maxillipes ausgebildet ist (Abb. 4).

Die bei der ventralen Besichtigung dieses Fußes klein erscheinende Coxa kommt erst nach erfolgter Ablösung, bei der dorsalen Ansicht voll zur Geltung. Dabei tritt ihre starke Vorwölbung hervor, die trotz der Lage an der Leibeswand eine hinreichende Beweglichkeit des Fußes gestattet. Durch eine oberflächlich verlaufende Längsfurche ist sie in zwei Abschnitte, den medialen und den lateralen, geteilt.

Die darauf folgende Basis hat eine langgestreckte, abgeflachte Gestalt. Die ventrale Fläche ist länger als die dorsale. Die erstere erscheint leicht gewölbt, die letztere führt innen, medial, eine scharfe, mit sieben Borsten bewehrte Kante, welche in den am vorderen Ende der Basis als Zipfel hervortretenden Enditen ausläuft. Dieser trägt seinerseits vorn, wo er flach abschließt, vier an Größe in der Richtung lateral-medial zunehmende Chitinzähne, die mit winzigen Borsten versehen sind. In der Mitte des Enditen fallen bei dorsaler Besichtigung drei starke mit ihrer Spitze medial gerichtete Borsten, bei ventraler Ansicht zwei ebenfalls medial gekrümmte Haken, die Retinacula, von CALMAN „coupling-hooks" genannt, auf (Abb. 5, Nr. 6). An der dorsalen Fläche der Basis verläuft etwa in der Längsachse, aber nicht geradlinig, sondern etwas bogenförmig eine mit Borsten dicht besetzte Kante. Sie führt am vorderen Ende nicht zum Enditen, sondern wendet sich dem lateralen Gliedrande zu, ohne ihn jedoch zu erreichen. Sie endet vielmehr an der vorderen Gliedgrenze, die infolge des vorspringenden Enditen wie ein umgekehrtes S gekrümmt ist. Hier wird das Ischium sichtbar, das wegen des Enditen von einzelnen Autoren teils nicht beobachtet, teils falsch gedeutet worden ist. Bei starker Vergrößerung und besonders dann, wenn man den Endit zurückklappt, sind die Gliedgrenzen genau festzustellen, man findet sogar, daß an der inneren, medialen Gliedkante eine stattliche Borste ihren Ansatz hat (Abb. 5). Es ergibt sich, daß das fragliche Glied an Größe dem Basalglied beträchtlich nachsteht, ja daß es nicht einmal über die vorderste Spitze des Enditen hinausreicht und somit kleiner ist als der an ihm ansitzende Merus.

Letzterer trägt an seiner medialen Kante dichtgestellte kurze Borsten, die gerade gereiht am Carpus fortsetzen und an Größe dort zunehmen. Der Merus hat medial vorn eine Borste, relativ lang; der Carpus lateral eine sehr lange, über den Propodus und Daktylus hinausreichende.

Auch der Propodus, an Größe den vorigen Gliedern nachstehend, trägt medial dichte Borsten; außerdem lateral und medial vorn je eine einzelne kräftig entwickelte.

Sehr klein ist der Daktylus, der am vorderen Gliedrand mit zwei starken Borsten bewehrt ist.

Die Befestigung des Kiemenapparates festzustellen, gelang mir nach

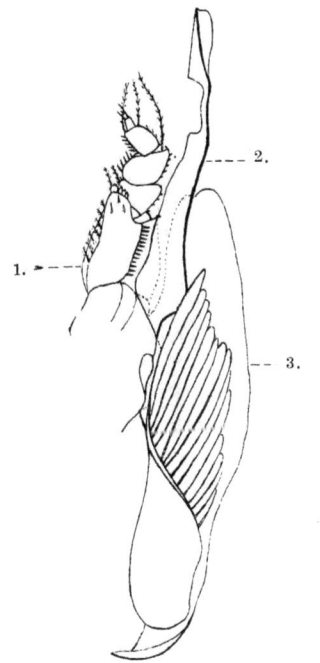
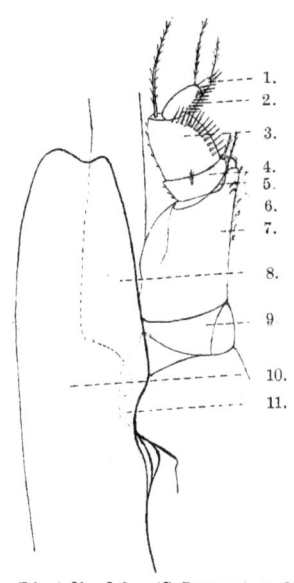

Abb. 4. *Diastalis glabra* (C. ZIMMER). Kiemenapparat (etwa 17 × vergr.). 1. Erster Maxillipes. 2. Siphonalpartie. 3. Kiemenpartie.

Abb. 5. *Diastylis glabra* (C. ZIMMER). 1. Maxillipes, rechts, ventral (etwa 20 × vergr.). 1. Daktyl. 2. Propodus. 3. Carpus. 4. Merus. 5. Ischium. 6. Retinacula. 7. Basis. 8. Siphonalpartie. 9. Coxa. 10. Kiemenpartie. 11. Vorsprung der Coxa.

vorsichtiger Behandlung mit Kalilauge. Es ergab sich, daß die Kiemenpartie am Coxopodit lateral angeheftet ist, mithin richtig als Epipodit zu bezeichnen ist, und daß die Siphonalpartie nicht am Basipodit ansetzt, also kein Exopodit ist, sondern wie die Kiemenpartie gleichfalls am Coxopodit entspringt, mit ihr im Bereiche des vorderen Zipfels verwachsen und somit als deren Verlängerung anzusehen ist. Leichter läßt sich die ganze Stelle übersehen, wenn man die gegenseitige Verwachsung löst und die schmale Siphonalpartie zurückklappt.

Es ist also die Auffassung mancher früherer Autoren, daß der erste Maxillipes sechsgliedrig ist und der Kiemenapparat oder wenigstens die Siphonalpartie am Basipodit ansetzt, irrtümlich.

c) Der feinere Bau des Kiemenapparates.

Wie angedeutet, legt sich lateral in paralleler Stellung zur Längsachse des Fußes nach rückwärts gerichtet die kahnförmige, ineinander geklappte Kiemenpartie mittels eines Gelenkes, das durch einen Vorsprung des Coxopoditen gebildet wird, an den Kieferfuß an (Abb. 5, Nr. 11). Rollt man die Kiemenpartie auseinander, so lassen sich folgende Teile an ihr unterscheiden:
 a) die kahnförmige Schaufel,
 b) das akzessorische Kiemenelement,
 c) die Kiemenplatte mit den Kiemenelementen, in der natürlichen Lage in den ersten Teil hineingeklappt.

Hält man sich vor Augen, daß der ganze Kiemenapparat nicht nur zur Dekarbonisierung des Blutes dient, sondern auch für die ständige Erneuerung des verbrauchten Atemwassers in der Höhle Sorge zu tragen hat, so wird der Bau des ersten Teiles sofort klar. Er besitzt nämlich die Form einer länglich-schmalen Schaufel mit hohen Wandungen, die an beiden Enden besonders hinaufgezogen sind, so daß der Vergleich mit einem Kahn angebracht ist (Abb. 6).

Am Boden der Kiemenpartie findet sich ein fingerähnliches Organ, das hinten angewachsen und vorn frei ist: das akzessorische Kiemenelement.

An das hintere hochgezogene Ende der Kiemenpartie fast unmittelbar anschließend setzt an der medialen Wand ein größerer halbkreisförmiger bis ovaler Lappen an, der nach dem Innern umgeklappt ist und vom hinteren Ende bis etwa zur Mitte der Medialwand reicht: die Kiemenplatte (Abb. 6, Nr. 1). An ihr verläuft schräg von hinten unten nach vorn oben ein spiralig gekrümmter Wulst, von dem senkrecht zur Längsachse langgestreckte, fingerförmige Anhänge in großer Anzahl — über 20 — dicht aneinander gedrängt herabhängen: die Kiemenelemente. Durch die Schrägstellung des Wulstes wird erreicht, daß die Elemente im Innern der Kiemenpartie trotz ihrer großen Zahl nicht ineinander verwickelt oder eingerollt werden. Sie ordnen sich in der Weise, daß sie einander die flachen Seiten zukehren, wodurch ein fächerähnliches Aussehen zustande kommt. Die kürzesten Elemente, nur rudimentär entwickelt, befinden sich hinten unten, die längsten vorn oben an dem Wulst. Die langen berühren das erwähnte, am Boden fixierte, einzeln stehende akzessorische Element. Seine Insertionsstelle befindet sich etwas vor dem vorderen Rande der Kiemenplatte. Die Mikrotomschnitte ließen, was den Bau des akzessorischen

Elementes anbelangt, völlige Übereinstimmung mit den übrigen Elementen erkennen: hohle, vom Blut durchflossene Schläuche von maschenförmiger Struktur, bei denen sich am Rande eine hyaline Zone vorfindet.

Verfolgt man am Coxalglied auf der dorsalen Seite den Ansatz der Kiemenpartie, so trifft man in der Gegend des vorderen Abschnittes der medialen Wand auf die kurze, zur Längsachse des Maxillipes etwas quergestellte Ansatzstelle der Siphonalpartie. Sie erscheint als kurze gerade Linie, was aus dem Umstand, daß es sich bei ihr um ein langes schmales Gebilde handelt, erklärlich ist. Ihre mediale Seite wendet

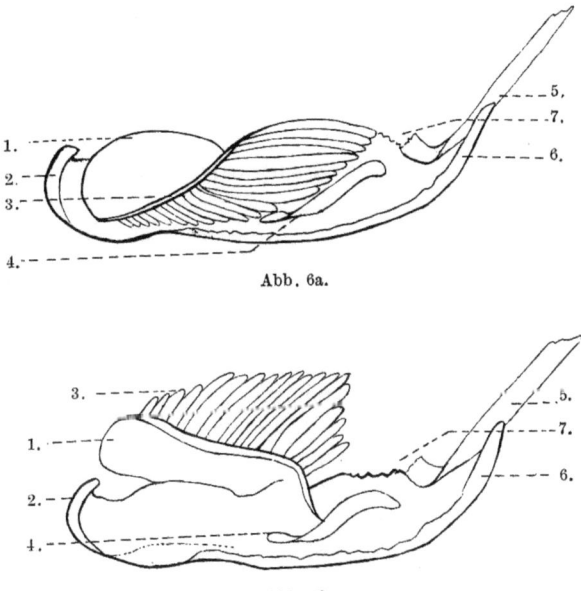

Abb. 6. *Diastylis glabra* (C. ZIMMER.) Kiemenapparat rechts, vordere Wand weggenommen (etwa 32 × vergr.). 1. Kiemenplatte. 2. Hinterer Zipfel d. K.-P. 3. Elemente. 4. Accessorisches Element. 5. Siphonalpartie. 6. Vorderer Zipfel d. Kiemenpartie. 7. Ansatz am Maxillipes (abpräpariert).

sich direkt nach vorn, die laterale dagegen erst nach dem Innern der Kiemenpartie und dann im Bogen nach vorn. Diese Wendung ist durch die bereits erwähnte Verwachsung des medialen Randes der Kiemenpartie mit der Siphonalpartie bedingt. Der weitere Verlauf der Siphonalpartie nach dem Pseudorostrum ist nicht schnurgerade, sondern in Windungen, da sie sich dem unter dem Karapax nach vorn verlaufenden Kanal anpassen muß. Gleich nachdem sie die Kiemenpartie verlassen hat, tritt eine Drehung um 90° ein in der Weise, daß der laterale Rand sich hochwölbt. Diese Drehung wird jedoch im weiteren Verlauf dadurch wieder ausgeglichen, daß der mediale Rand ebenfalls dieser

Wölbung folgt. In der Lage der Siphonalpartie wirken sich diese Wendungen so aus, daß sie zunächst aus der wagerechten in die senkrechte Ebene übergeht, dann aber wieder in die wagerechte Ebene übergeführt wird. Letzteres ist nötig, da, wie schon erläutert, die Spitzen der beiden Siphonalpartien gemeinsam einen dreieckigen Schieber bilden, der im Bereiche des Pseudorostrums in der Richtung der Körperlängsachse hin- und herbewegt werden kann.

Aus der Art des Ansatzes am Maxillipes und der gemeinsamen Verwachsung geht hervor, daß die Bewegung der beiden Teile des Kiemenapparates nicht unabhängig voneinander, sondern nur miteinander korrespondierend erfolgen kann. Wird also die Kiemenpartie nach dem Kopfende zu bewegt, so muß auch die Siphonalpartie dieser Richtung folgen, bzw., da sie räumlich betrachtet der Kiemenpartie vorgelagert ist, ihr bei dieser Bewegung vorangehen. Dadurch wird die äußerste Spitze unter dem Pseudorostrum vorgestoßen; der Weg für das von der Kiemenpartie nach vorn gedrängte verbrauchte Atemwasser zum Austritt aus der Kiemenhöhle ist frei. Es entströmt durch den Trichter, wobei der Bau des Trichters mit den seitlichen hyalinen Lappen einen nach vorwärts gerichteten Strahl bewirkt. Zieht sich nunmehr die Kiemenpartie nach ihrer Grundstellung zurück, die am ventralen Rande des Karapax zu denken ist, dann wird auch die Siphonalpartie mitgenommen; dadurch klemmt sich die Spitze zwischen Karapax und Cephalothorax und versperrt dem soeben ausgestoßenen Atemwasser den nochmaligen Eintritt durch die Ausgangsöffnung in die Kiemenhöhle.

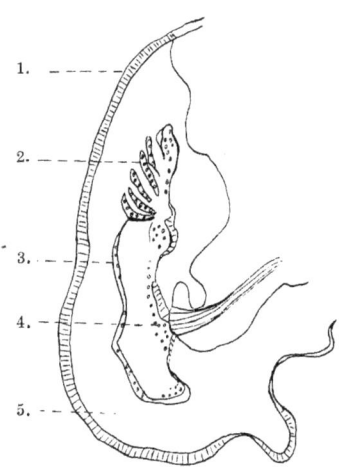

Abb. 7. *Schnitt durch die Ansatzstelle des Epipoditen* (etwa 20 × vergr.). 1. Karapax. 2. Elemente. 3. Laterale Wand der Kiemenpartie. 4. Ansatzstelle der K. 5. Kiemenhöhle.

d) Die Muskulatur des Kiemenapparates.

In der vorangehenden Schilderung wurde dargelegt, daß der Kiemenapparat seinem Bau nach durchaus geeignet erscheint, die Erneuerung des Atemwassers zu bewirken: die Kahnform der Kiemenpartie und ihre Stellung — die Aushöhlung weist nach der durch Beobachtung am lebenden Tier festgestellten Egestionsöffnung (BURMESTER 1883) — lassen sicher darauf schließen. Es bliebe noch übrig, festzustellen, ob sich makroskopisch oder mikroskopisch Muskeln in der Gegend der Insertion oder gar innerhalb der Kieme selbst nachweisen lassen, die diesen Schluß bestätigen.

Bei der Ablösung des ersten Maxillipes vom Rumpf gelingt es, die Leibeshöhlenwand lateral so weit wegzupräparieren, daß ein vom Rücken her zu der Ansatzstelle strahlenförmig verlaufendes Bündel stark entwickelter Muskeln freigelegt wird. Über die Funktion dieser Muskeln kann keine Unklarheit herrschen, sie dienen sowohl zur Bewegung des Maxillipes, als auch zur Bewegung des Kiemenapparates in der Weise, daß durch ihre Kontraktion die Kiemenpartie in der Richtung nach vorn aufwärts gezogen wird. In beiden Teilen, der Siphonal- und der Kiemenpartie, selbst sind makroskopisch Muskeln nicht festzustellen. Verfolgt man unter dem Mikroskop Serienbilder nicht zu starker Schnitte — die von mir zu diesem Zweck angefertigten waren 9 μ dick — durch die Ansatzstelle des Kiemenapparates, so findet man, daß es sich bei der eben erwähnten Muskulatur um quergestreifte handelt — für den Stamm der Arthropoden die typische — und daß in der Kiemenpartie zwar drei starke zur Ansatzstelle verlaufende Chitinleisten sichtbar sind, die zur Versteifung der Kiemenpartie beitragen, im übrigen aber sich die makroskopische Besichtigung bestätigt, nämlich, daß Muskulatur in den Partien nicht vorhanden ist (Abb. 7).

e) Schnitte durch die Kiemenhöhle.

Für das Verständnis meiner Darstellung wird es von Vorteil sein, einige Mikrotomschnitte zeichnerisch wiederzugeben.

Bei einem Querschnitt durch das Pseudorostrum (Abb. 8 und 9) stehen

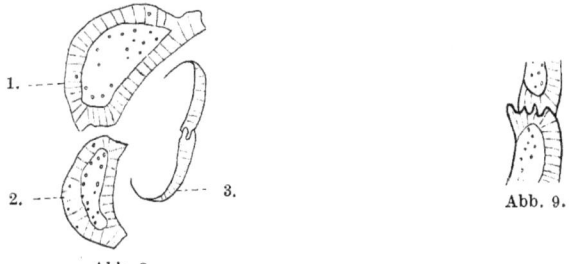

Abb. 8.

Abb. 8 und 9. *Schnitte durch das Pseudorostrum* (etwa 15 und 20 $\times$ vergr.). 1. Linker Pseudorostralzipfel. 2. Rechter Ps. 3. Siphonalpartie.

sich gegenüber: erstens die beiden Karapaxzipfel, durch einen kleinen Zwischenraum getrennt; zweitens die lanzettenförmigen Spitzen der beiden Siphonalpartien, miteinander durch Einkerbung fest verbunden, und ihre Anhänge, die seitlichen hyalinen Lappen. Sie sind nach innen umgeschlagen, so daß sie mit dem Pseudorostrum den Egestionstubus bilden.

In Abb. 9 ist die Verkerbung gut zu sehen.

In Abb. 10 befinden wir uns im Bereiche des Frontallobus. Am **Karapax** verläuft die mediale Wand nach unten und die laterale ist nach innen umgeklappt, so daß ein paralleles Stück sichtbar wird. Die Siphonalpartie ist nicht mehr innerhalb der lanzettenförmigen Spitze, sondern quer durch den bandförmigen Stiel getroffen, erscheint mithin nur als kurzes, flaches Gebilde.

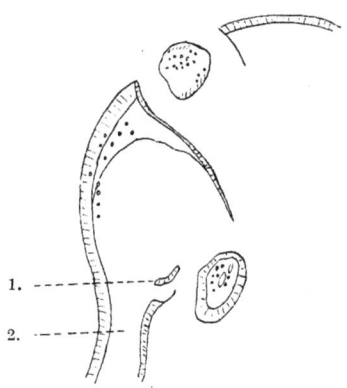 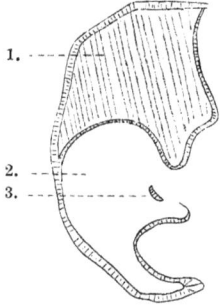

Abb. 10. *Schnitt in der Gegend des Frontallobus* (etwa 17 × vergr.). 1. Siphonalpartie. 2. Seitenrinne.

Abb. 11. *Schnitt in der Gegend der Leibeshöhle* (etwa 15 × vergr.). 1. Leibeshöhle. 2. Kiemenhöhle. 3. Siphonalpartie.

In Abb. 11 ist die Stellung der Siphonalpartie nicht wagerecht, sondern senkrecht, also ziemlich parallel zur Leibeshöhlenwand. Wie schon erwähnt, beschreibt die Siphonalpartie bei ihrem Verlauf nach vorn zwei sich in der Wirkung aufhebende Drehungen. Der Schnitt zeigt sie nach der ersten Drehung, wo sie aus der wagerechten Ebene in die senkrechte übergegangen ist.

f) Zusammenfassung der gegebenen Darstellung.

Der Kiemenapparat hat seine Lage unter den seitlichen Wölbungen des Karapax, die deshalb die Bezeichnung Branchialregion tragen. Am ersten Maxillipes sind sieben Glieder sichtbar. An seiner Coxa setzt ein Epipodit an, der in die beiden Hauptteile Kiemenpartie und Siphonalpartie zerfällt.

Die Kiemenpartie, der größere der beiden Teile, ist nach rückwärts gerichtet und besitzt die Gestalt eines Kahnes. An der medialen Wand ist eine halbkreisförmige bis ovale Platte, die Kiemenplatte, in das Kahninnere hineingeklappt; an ihr inserieren zahlreiche fingerförmige Elemente und füllen dicht und lang ausgebreitet den vorderen Teil des Kahnes. Am Boden der Kiemenpartie befindet sich ein akzessorisches Element, das mit der Spitze nach vorn gerichtet ist.

Die Siphonalpartie ist mit der Kiemenpartie ein Stück verwachsen und erstreckt sich nach vorn. Sie ist bandförmig und weist eine lanzettenähnliche Spitze auf, die einen membranösen Seitenlappen trägt. Die Spitzen der beiden Siphonalpartien sind miteinander durch Verfalzung fest verbunden und bilden mit dem Pseudorostrum einen Egestionstubus.

2. Kiemenapparat des Männchens im Hochzeitskleid.

Bekanntlich unterscheidet sich das Männchen im Hochzeitskleid bezüglich seines Habitus recht wesentlich vom Weibchen. Es galt deshalb zu prüfen, wie weit sich dieser Unterschied auch im Bau des Kiemenapparates auswirkt.

Ein besonderer Reichtum an etwas flacheren Elementen gestaltet den Ansatz am Maxillipes unübersichtlich und gibt der Kiemenpartie

Abb. 12. *Diastylis glabra* (O. ZIMMER). Männchen im Hochzeitskleid. Kiemenpartie links (etwa 14 × vergr.). 1. Elemente. 2. Vorderer Zipfel. 3. Kiemenplatte. 4. Elemente hinter der Kiemenplatte. 5. Hinterer Zipfel.

vorn eine fächerähnliche Gestalt, da gerade vorn die Elemente lang entwickelt und dicht gestellt sind (Abb. 12). Die Kiemenplatte ist länglich-oval und trägt die Elemente an dem bogenförmigen Wulst so geordnet, daß die hinteren kurzen zwischen Platte und Medialwand mit dem freien Ende nach aufwärts gerichtet, die vorderen langen wie beim Weibchen mit dem freien Ende nach vorn gewandt liegen. Am Boden findet sich wiederum das akzessorische Element und ist mit der Spitze nach vorn gerichtet. Der Verlauf und die Form der Siphonalpartie gestaltet sich wie beim Weibchen.

Länge 19 mm.

B. Der Bau des Kiemenapparates in den verschiedenen Familien und Gattungen der Ordnung.

Nachdem ich im vorangegangenen den Kiemenapparat von *Diastylis glabra* bei beiden Geschlechtern eingehend dargestellt habe, will ich nunmehr im systematischen Zusammenhang den Kiemenapparat der Cumaceen an Hand weiterer eigener Untersuchungen und der Literaturangaben, soweit solche vorhanden sind, einer Betrachtung unterziehen.

1. Familie Diastylidae.

Genus Diastylis SAY.

Diastylis rathkei (KR.)

Diese Art gleicht schon rein äußerlich der Spezies *Diastylis glabra*, ist aber kleiner. Der Bau des Kiemenapparates unterscheidet sich nur in der Anzahl der Elemente: ich zählte bei *Diastylis rathkei* nur 17 und ein akzessorisches, welches gleichfalls mit der Spitze nach vorn gerichtet ist.

Länge 17 mm, Weibchen.

Diastylis sulcata CALMAN.

Auch diese Art steht *Diastylis glabra* sehr nahe. Es handelt sich um einen länglich-schmalen Typus mit gut ausgebildetem spitzem Pseudorostrum, noch kleiner als *Diastylis rathkei*.

Die Präparation ergab eine große Ähnlichkeit der Kiemenapparate: der Bau der beiden Partien und die Anordnung der Elemente verhalten sich wie bei den vorigen Arten. Die Anzahl der Elemente ist 13 und ein akzessorisches, dessen Spitze nach vorn gerichtet ist. Sie sind in spiraliger Reihe geordnet.

Länge 13 mm, Weibchen.

Diastylis sulcata var. stuxbergi C. ZIMMER.

Unter Hinweis auf den eben gegebenen Vergleich zwischen *Diastylis rathkei* und *Diastylis sulcata* mit *Diastylis glabra* sei angeführt, daß auch der Kiemenapparat dieser Varietät seinem anatomischen Bau und seiner physiologischen Funktion nach sich ganz ähnlich verhält. Die Kiemenplatte trägt die fingerförmigen Elemente. Ich zählte 18 und ein akzessorisches, dessen Spitze nach vorn gerichtet ist.

Länge 9 mm, Weibchen.

Diastylis goodsiri (BELL).

Der Carapax ist stark inkrustiert, darum spröde und brüchig. Der Kiemenapparat ist umfangreich und zeigt die gleichen Partien wie bei *Diastylis glabra*. Bei der Siphonalpartie fand sich ein als mittellang zu bezeichnender, bandförmiger Stiel mit lanzettenähnlicher Spitze. Die Elemente sind zahlreich — über 20 —, dichtgestellt und nehmen an Größe von unten nach oben zu. Am Boden liegt wiederum das akzessorische Element mit der Spitze nach vorn gerichtet.

Länge 20 mm, Weibchen.

Diastylis lucifera (KR.).

Das Kopfbrustschild ist nur wenig inkrustiert, erscheint also weich (Abb. 13). Im Gegensatz zu *Diastylis glabra* ist eine Kiemenplatte nicht vorhanden. Die Kiemenelemente sind vielmehr direkt am oberen Rande der medialen Wand, welche höher ist als die laterale, in geringer Anzahl — nur 6 Stück — befestigt. Auf das vorderste, das größte, folgen 3 mittellange, ein kleines und ein rudimentäres. Letzteres ist also das hinterste. Ihre Stellung ist eng hintereinandergereiht, aufrecht stehend und ein wenig nach vorn geneigt. Am Boden liegt ein einzelnes, dessen Spitze nach vorn gerichtet ist. Im übrigen herrscht Übereinstimmung mit *Diastylis glabra*.

Länge 6 mm, Weibchen.

Abb. 13. *Diastylis lucifera (Kr.)*. Kiemenpartie links (etwa 48 × vergr.). 1. Vorderer Zipfel. 2 Elemente. 3. Mediale Wand. 4. Hinterer Zipfel. 5. Accessorisches Element.

Diastylis stygia G. O. SARS.

Den Kiemenapparat dieser größeren Spezies beschreibt SARS (1887). Nach seiner Darstellung gleicht er völlig dem von *Diastylis glabra*. Ich zählte auf der Abbildung 20 Elemente in spiraliger Reihe geordnet und ein akzessorisches am Boden der Partie, dessen Spitze nach vorn gerichtet ist. SARS weist auf den zwischen männlichem und weiblichem Apparat bestehenden Dimorphismus hin. Bei ersterem findet sich eine stark vermehrte Anzahl Elemente, in doppelter Spirale geordnet. Das Integument ist ziemlich hart und verkalkt.

Länge 16 mm, Weibchen; 21 mm, Männchen.

Diastylis rugosa G. O. SARS.

SARS (1879) gibt von dem Kiemenapparat dieser Spezies eine ähnliche Schilderung. Nach der Zeichnung sind die Elemente beim Weibchen etwas kürzer als bei *Diastylis glabra*, ihre Anordnung auch nicht so ausgesprochen spiralig; ihre Zahl beträgt 11 und ein akzessorisches am Boden der Kiemenpartie, dessen Spitze nach hinten gerichtet ist. Die Kiemenpartie des Männchens und die Siphonalpartien bei beiden Geschlechtern verhalten sich wie bei *Diastylis glabra*. Das Integument ist ziemlich hart und spröde.

Länge 8 mm, Weibchen; 9 mm, Männchen.

Diastylis cornuta BOECK.

Von dieser Art findet sich bei SARS (1900) eine Zeichnung des Kiemenapparates vom Männchen. Es besteht gute Übereinstimmung mit *Diastylis glabra*.

Länge 14 mm, Männchen.

Diastylis sculpta G. O. SARS.

SARS (1871) berichtet, daß der Kiemenapparat des Weibchens 18 fingerförmige, in Spiralform geordnete Elemente besitzt. Nach der Zeichnung kommt noch ein akzessorisches am Boden der Kiemenpartie hinzu, dessen Spitze nach vorn gerichtet ist. Der membranöse Seitenlappen der Siphonalpartie ist länger als bei *Diastylis glabra*.

Länge 9 mm, Weibchen.

Diastylis bispinosa (STIMPS).

SARS (1871) sagt, daß der Bau des Kiemenapparates dieser Spezies mit dem der vorangehenden übereinstimme; die Zahl der Elemente scheine größer zu sein. Nach der Zeichnung stimmt der Kiemenapparat des jungen Männchens im Bau und bezüglich der Anordnung der Elemente mit dem des Männchens von *Diastylis glabra* überein.

Länge 11 mm, Weibchen und junges Männchen.

660 H. Simon:

Zusammenfassung.

Fast überall ergab sich ein Kiemenapparat wie er bei der Spezies *Diastylis glabra* ausführlich geschildert wurde. Die Elemente sind zahlreich vorhanden und inserieren am Rande einer Kiemenplatte in spiraliger Anordnung mit ihren Spitzen nach vorn gerichtet. Es findet sich am Boden der Partie ein akzessorisches Element, dessen Spitze ebenfalls nach vorn gerichtet ist (Ausnahme: *Diastylis rugosa*). Die Form der Elemente ist beim Weibchen fingerförmig, beim Männchen wegen der größeren Anzahl und der engeren Stellung etwas flacher. Bei beiden Geschlechtern sind hinten die kleinsten und vorn die größten Elemente anzutreffen.

Die Siphonalpartien enden mit je einer lanzettenförmigen Spitze, die miteinander verfalzt sind. Ihre membranösen Seitenlappen bilden zusammen mit dem Pseudorostrum einen Egestionstubus.

Das Integument ist meist hart und spröde.

Elemente von geringerer Länge und in mittlerer Anzahl (12 Stück) besitzt die Spezies *D. rugosa*, deren Gesamtkörperlänge nur 8 mm beträgt. Eine Ausnahme macht der Kiemenapparat der nur 6 mm großen Spezies *D. lucifera*: die Kiemenplatte fehlt gänzlich. Infolgedessen entspringen die Elemente am oberen Rande der Medialwand und stehen aufrecht. Ihre Zahl ist nur 6 und ein akzessorisches. Das Integument ist wenig verhärtet. Offenbar stehen die schwächere Inkrustierung, die geringere Körpergröße und die einfachere Ausbildung des Kiemenapparates miteinander in Beziehung.

Genus Diastylopsis S. I. Smith.
Diastylopsis dawsonii S. I. Sm.

Dem langgestreckten schmalen Typus des Kopfbrustschildes gemäß ergibt die Präparation einen langen, schmalgebauten Kiemenapparat (Abb. 14). Im

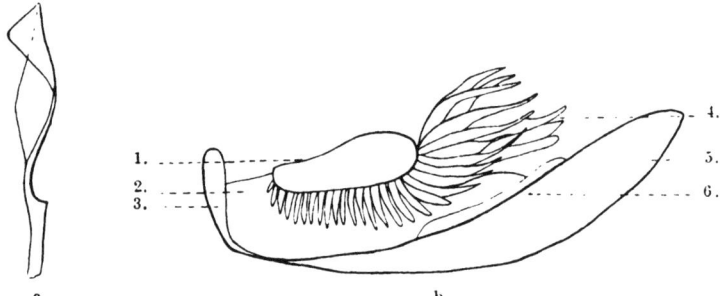

Abb. 14. *Diastylopsis dawsonii* S. I. Sm. Kiemenapparat rechts (etwa 18 Vergr.). a) Siphonalpartie. b) Kiemenpartie. 1. Kiemenplatte. 2. Mediale Wand. 3. Hinterer Zipfel. 4. Elemente. 5. Vorderer Zipfel. 6. Accessorisches Element.

übrigen findet sich die von *Diastylis glabra* her bekannte Form. Die länglichovale Kiemenplatte ist an ihrem freien Rande dicht mit den zahlreichen Elementen besetzt. Ihre Zahl ist 32 und ein akzessorisches am Boden, dessen Spitze nach vorn gerichtet ist. Ihre Form unterscheidet sich von der bei *Diastylis glabra* beobachteten dadurch etwas, daß sie vorn spitzer auslaufen.

Die Siphonalpartie besitzt die Lanzettenspitze mit dem membranösen Seitenlappen. Die beiden Spitzen sind miteinander verfalzt.

Länge 14,5 mm, Weibchen.

Genus *Leptostylis* G. O. SARS.

Leptostylis gracilis STAPPERS.

STAPPERS (1911) gibt eine Abbildung, nach der die Kiemenpartie zwar die Kahnform besitzt, aber weder Kiemenplatte noch Elemente aufweist. Über die Siphonalpartien sagt er, daß sie fest miteinander verbunden sind. Demnach bilden sie gemeinsam einen Egestionstubus. Nach der Zeichnung besitzt dieser dieselbe Form wie bei *Diastylis glabra*.

Länge 6 mm.

Leptostylis borealis STAPPERS.

Bei dieser Art vermerkt STAPPERS (1911) gleichfalls, daß die beiden Siphonalpartien fest miteinander verbunden sind.

Länge 4,5 mm.

Zusammenfassung.

Nach der zuerst angeführten Art entbehrt das Genus *Leptostylis* gänzlich der Kiemenplatte und der Elemente. Ich nehme an, daß dies auf die geringe Größe zurückzuführen ist. Die Siphonalpartien besitzen Ähnlichkeit mit der von *Diastylis glabra*.

Genus *Dic* STEBBING.

Dic Calmani STEBBING.

Bei STEBBING (1910) findet sich die Bemerkung, daß der Kiemenapparat keine Elemente besitze. Diese Art stände somit ebenfalls im Gegensatz zu dem *Glabra*-Typus. Die Siphonalpartien gleichen jedoch, nach der Zeichnung zu urteilen, denjenigen von *Diastylis glabra*.

Länge 5 mm, nicht adultes Männchen.

Genus *Gynodiastylis* CALMAN.

Gynodiastylis carinata CALMAN.

Von dieser Spezies sagt CALMAN (1911), daß der Kiemenapparat ganz frei von Elementen ist. Es handelt sich um ein Weibchen.

Länge 4 mm, Weibchen.

Gynodiastylis bicristata CALMAN.

Der Kiemenapparat scheint keine Elemente zu haben (CALMAN 1911). Befund bei einem Weibchen.

Länge 1,9 mm, Weibchen.

Zusammenfassung.

Schon bei den vorigen Genera *Leptostylis* und *Dic* war die auffallende Tatsache zu verzeichnen, daß am Kiemenapparat weder Kiemenplatte noch Elemente vertreten sind. Ähnlich verhält sich das Genus *Gynodiastylis*, wo dieser Befund bei zwei Arten festgestellt wurde.

Genus *Makrokylindrus* STEBBING.

Makrokylindrus fragilis STEBBING.

STEBBING (1912) führt von dem Kiemenapparat dieser Spezies an, daß der Epipodit gut entwickelt ist, beim Männchen zahlreiche Elemente vorhanden sind und der allgemeine Bau dem von *Diastylis* gleicht.
Länge 10 mm.

Makrokylindrus dubia (BONNIER).

BONNIER (1896) beschreibt den Kiemenapparat bei einem Weibchen: die Kiemenpartie ist bemerkenswert breit und trägt 10 kleine Elemente. Nach seiner Zeichnung weicht der Bau dieses Kiemenapparates von dem der Spezies *Diastylis glabra* wesentlich ab. Eine Kiemenplatte ist zwar vorhanden, aber nur sehr klein. Die kurzen Elemente, hinten das kleinste, sind in geringer Anzahl vertreten und füllen nicht wie bei *Diastylis glabra* das Innere der Kiemenpartie. Ein akzessorisches Element ist nicht vorhanden. Die Siphonalpartie trägt den membranösen Seitenlappen *an der Innenkante der Spitze*.
Länge 9 mm, Weibchen.

Makrokylindrus longicaudata (BONNIER).

BONNIER (1896) berichtet über den Kiemenapparat bei einem Weibchen dieser Spezies, deren systematische Stellung noch nicht ganz klar ist, die ich aber wegen der großen Ähnlichkeit ihrer Merkmale mit denen der Gattung *Makrokylindrus* und auf Grund einer mündlichen Mitteilung des Herrn Prof. Dr. C. ZIMMER hier einreihen möchte. Rund 7 Elemente sind vorhanden, 6 davon in einer Reihe geordnet und ein akzessorisches, dessen Spitze nach hinten gerichtet ist. Nach der Zeichnung zu schließen, sind sie am oberen Rande und in der Mitte der Medialwand befestigt. Eine Kiemenplatte ist demnach nicht vorhanden. Über die Siphonalpartie ist nichts erwähnt, sie gleicht auf der Zeichnung der der vorigen Spezies.
Länge 10 mm, Weibchen.

Zusammenfassung.

Für das Genus *Makrokylindrus* ergibt sich kein einheitliches Bild[1]). Jede der drei besprochenen Arten besitzt einen anders gebauten Kiemenapparat. Bei *M. fragilis* gleicht er dem von *Diastylis*; bei *M. dubia* sind die Elemente verkürzt, geringer an Zahl und an einer nur sehr kleinen Kiemenplatte befestigt. Die dritte Spezies *M. longicaudata* besitzt überhaupt keine Kiemenplatte, die wenigen Elemente inserieren an der medialen Wand direkt. Neu ist, daß die Membranen der Siphonalpartien an der Innenkante ansetzen.

---

[1]) Die Gattung ist ja auch in ihrer systematischen Stellung und ihrem Umfang bisher noch ungenügend gefaßt.

Genus *Colurostylis* CALMAN.

Colurostylis lemurum CALMAN.

Bei der Beschreibung dieser Art finde ich die Bemerkung, daß der Kiemenapparat mit etwa 10 fingerförmigen Elementen versehen ist. (CALMAN 1917.) Da jedoch eine Zeichnung nicht gegeben ist, kann nichts Näheres über ihn gesagt werden. Länge 4 mm, Weibchen.

Genus *Dimorphostylis* C. ZIMMER.

Dimorphostylis asiatica C. ZIMMER.

Bezüglich des Materials sei bemerkt, daß neben zahlreichen geschlechtsreifen Männchen nur zwei junge Weibchen vorhanden waren. Für die Untersuchung kamen also nur Männchen in Frage (Abb. 15).

Die Präparation ergab einen in einzelnen Teilen stark modifizierten Kiemenapparat. Besonders gilt das von der Kiemenpartie. Diese, bisher kahnförmig, besitzt bei der vorliegenden Art wohl noch die längliche Form, doch wird der hintere Zipfel nicht von beiden Wandungen, sondern nur von der lateralen

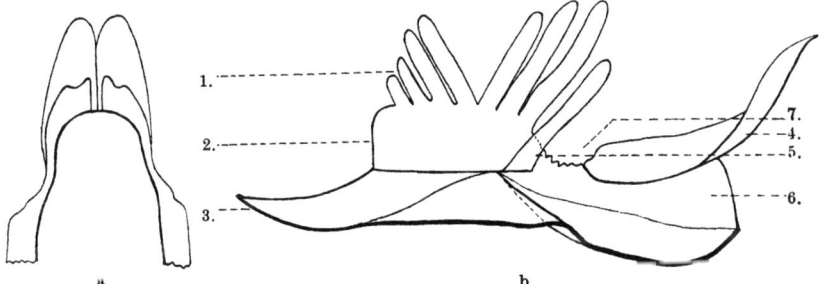

Abb. 15. *Dimorphostylis asiatica* C. ZIMMER. Kiemenapparat rechts (etwa 72 × vergr.). a Siphonalpartie. b Kiemenpartie. 1. Elemente. 2. Medialwand. 3. Hinterer Zipfel. 4. Siphonalpartie. 5. Accessorisches E. 6. Vorderer Zipfel. 7. Ansatzstelle am Maxillipes (abpräpariert).

gebildet. Die mediale ist stark verkürzt und fällt hinten senkrecht ab. Dadurch gleicht der Kiemenapparat der Silhouette eines Hutes und nur noch in geringem Maße einem Kahn. Am oberen Rande der Medialwand sind die flachen Elemente in außergewöhnlicher Stellung angeordnet. Es sind im ganzen 7 und ein akzessorisches vorhanden, das am Boden der Partie aufrecht steht und mit seiner Spitze nach vorn weist. Die sieben erstgenannten sind in zwei Gruppen geordnet: vier an Größe von hinten nach vorn zunehmende sind aufrecht stehend mit ihrer Spitze nach hinten gewandt; die drei übrigen dagegen neigen sich nach vorn, an Größe die vorigen überragend.

Die Siphonalpartie endet vorn mit stumpfer Lanzettenspitze, die von dem lamellösen Lappen gebildet wird. Die beiden Spitzen liegen dicht aneinander, lassen sich nur gewaltsam trennen und bilden gemeinsam einen Sipho.

Länge 4 mm, Männchen.

Übersicht über die Familie Diastylidae.

Die großen und größten Vertreter mit sprödem Integument, vereint im Genus *Diastylis*, besitzen einen Kiemenapparat wie ihn die Präparation von *Diastylis glabra* ergab. Diesen Typus zeigen *Diastylis rathkii*, *sulcata*, *sulc.* var. *stuxbergi*, *goodsiri*, *stygia*, *cornuta*, *sculpta* und *bispinosa*.

Eine Ausnahme machen *Diastylis rugosa* mit kürzeren Elementen und *Diastylis lucifera*, bei der die Kiemenplatte fehlt und die Elemente am Rande der Medialwand inserieren. Ich führe diesen einfacheren Bau teils auf das weichere Integument, teils auf die geringere Körpergröße zurück.

Ebenso gebaut wie bei *Diastylis glabra* ist der Kiemenapparat von *Diastylopsis dawsonii*.

Bei den kleinen Vertretern des Genus *Leptostylis* findet sich sogar ein Kiemenapparat ohne Elemente und Kiemenplatte. Diesen Typus zeigen auch die Gattungen *Dic* und *Gynodiastylis*.

Einen nicht einheitlichen Bau des Kiemenapparates weist das Genus *Makrokylindrus* auf. Die Kiemenplatte kann ganz fehlen oder in verschiedener Größe vorhanden sein. Auch die Anzahl der Elemente ist veränderlich.

Über das Genus *Colurostylis* sind die Angaben ungenau.

Einen von den besprochenen Typen abweichenden Kiemenapparat zeigt *Dimorphostylis asiatica*. Dieser hat nur noch in geringem Maße die Kahnform. Die Elemente stehen in zwei Gruppen geordnet aufrecht.

Bei allen Spezies, die Elemente aufweisen, sind die kleinen hinten und die großen vorn anzutreffen. Die Spitze des akzessorischen Elementes ist mit Ausnahme von *Diastylis rugosa* und *Macrokylindrus longicaudata* nach vorn gerichtet.

Die Siphonalpartien enden in der ganzen Familie lanzettenförmig und bilden mit Hilfe der membranösen Seitenlappen und der Pseudorostralzipfel einen kleinen Egestionstubus. Die Spitzen liegen dabei dicht aneinander und sind durch Verfalzung verbunden. Wie es scheint, machen *Makrokylindrus dubia* und *longicaudata* eine Ausnahme, da sie die Membran an der Innenkante tragen.

2. Familie Lampropidae.

Genus *Lamprops* G. O. SARS.

Lamprops fuscata G. O. SARS.

Das für die Präparation zur Verfügung stehende Exemplar mit weichem Integument war ein Weibchen (Abb. 16).

Vom *Glabra*-Typus unterscheidet sich der Kiemenapparat dadurch, daß die Kiemenplatte fehlt. Die beiden vorhandenen Kiemenelemente inserieren direkt in der Mitte des oberen Randes der medialen Wand. Das hintere Element hat etwa die Höhe des Zipfels; das vordere im geringen Abstand vom erstgenannten ist etwa doppelt so lang und so breit.

Die Siphonalpartie endet vorn mit einer lanzettenähnlichen Spitze. Eine Membran konnte ich nicht feststellen. Die beiden im Bereiche des Pseudorostrums liegenden Enden sind nicht miteinander verfalzt und bilden einen unvollkommenen Tubus.

Länge 6 mm, Weibchen.

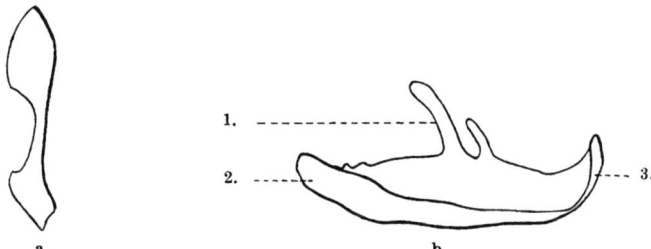

Abb. 16. *Lamprops fuscata* G. O. SARS. Kiemenapparat links (etwa 40 × vergr.). a Siphonalpartie. b Kiemenpartie. 1. Elemente. 2. Vorderer Zipfel. 3. Hinterer Zipfel.

Lamprops fasciata G. O. SARS.

Die von SARS (1900) gegebene Zeichnung veranschaulicht den Kiemenapparat des Weibchens, der dem eben geschilderten sehr ähnelt. Die Zahl der Elemente ist vermehrt; es finden sich 10 und ein akzessorisches, dessen Spitze nach vorn gerichtet ist. Hinten steht das kleinste, vorn das größte Element. Die Siphonalpartie gleicht der von *Lamprops fuscata*.

Länge 9 mm, Weibchen.

Zusammenfassung.

Es ergibt sich ein Kiemenapparat ohne Kiemenplatte. Die Elemente stehen an der Medialwand direkt. Auffallend ist der Gegensatz von zwei und zehn Elementen. Die Siphonalpartien sind mittellang und enden mit einer lanzettenähnlichen Spitze. Eine Verfalzung der beiden Enden konnte nicht festgestellt werden. Die Tubusbildung ist klein und unvollkommen. Das Integument ist weich.

Genus *Hemilamprops* G. O. SARS.

Hemilamprops normani BONNIER.

BONNIER (1896) sagt, daß die Kiemenpartie 5 oder 6 kurze Elemente besitzt. Nach seiner Zeichnung ist dieser Kiemenapparat ähnlich gebaut wie bei den eben beschriebenen Arten. Die Kiemenpartie ist ohne Kiemenplatte und trägt in ihrer Mitte 6 kleine Elemente; ferner ist ein akzessorisches, dessen Spitze nach vorn gerichtet ist, vorhanden. Die Siphonalpartie ähnelt der von *Lamprops fuscata*.

Länge 10 mm.

Hemilamprops rosea (NORM.).

SARS (1900) gibt eine Zeichnung, auf der eine breite Kiemenpartie ohne Kiemenplatte und eine mittellange spitze Siphonalpartie festgehalten ist. Die Zahl der Elemente beträgt 5 und ein akzessorisches, das mit der Spitze nach vorn weist. Sie nehmen von hinten nach vorn an Größe zu. Die Siphonalpartie ähnelt der von *Lamprops fuscata*. Das Integument bezeichnet SARS als dünn.

Länge 6 mm.

Zusammenfassung.

Auch bei dieser Gattung inserieren die nur in geringer Anzahl vertretenen Elemente ohne Kiemenplatte an der Medialwand. Das akzessorische Element ist vorhanden und weist bei beiden Spezies mit der

Spitze nach vorn. Die Siphonalpartie gleicht der vom Genus *Lamprops*. Das Integument ist weich. Es ergibt sich somit eine gute Übereinstimmung mit dem Genus *Lamprops*.

Genus *Paralamprops* G. O. SARS.

Paralamprops serrato-costata G. O. SARS.

Die von SARS (1887) gegebene Zeichnung zeigt, daß der Bau dieses Kiemenapparates mit dem von *Lamprops fuscata* im allgemeinen übereinstimmt. Die Zahl der Elemente ist 5 und ein akzessorisches, das mit der Spitze nach vorn gerichtet ist. Sie nehmen von hinten nach vorn an Größe etwas zu. Eine Kiemenplatte ist nicht vorhanden. Die Siphonalpartie ähnelt der von *Lamprops fuscata*.
Länge 12 mm.

Genus *Platytyphlops* STEBBING.

Platytyphlops orbicularis (CALMAN).

CALMAN (1912) äußert sich über den Kiemenapparat, daß er ganz dem von *Paralamprops serrato-costata* gleiche. Die beigegebene Zeichnung läßt darüber keinen Zweifel. Es sind 5 Elemente, an der Medialwand direkt inserierend, und ein akzessorisches, das mit der Spitze nach vorn gerichtet ist, vorhanden. Die Siphonalpartie gleicht der von *Lamprops fuscata*.
Länge 16 mm.

Platytyphlops peringueyi STEBBING.

STEBBING (1912) berichtet, daß 7 ungleiche Elemente vorhanden sind. Nach seiner Zeichnung gleicht der Bau dieses Apparates völlig dem von *Lamprops fuscata*. Es finden sich sechs in der Mitte der Medialwand stehende Elemente und ein akzessorisches, das mit der Spitze nach hinten gerichtet ist. Die Siphonalpartie gleicht der von *Lamprops fuscata*.
Länge 10 mm.

Zusammenfassung.

Für das Genus *Platytyphlops* stellt sich bezüglich des Kiemenapparates eine große Ähnlichkeit mit der Gattung *Lamprops* heraus. Auffallend ist nur die entgegengesetzte Stellung des akzessorischen Elementes bei *Platytyphlops peringueyi*.

Genus *Bathylamprops* C. ZIMMER.

Bathylamprops calmani C. ZIMMER.

Nach ZIMMER (1908) ist die Kiemenpartie klappenartig gefaltet und an der Innenklappe stehen nahe am Rande die Elemente. Sie zeigen eine schlauchförmige Ausbildung. Es sind 4 an der Zahl, von denen das erste etwas abseits von den anderen steht. Ein fünftes, ziemlich langes, ist dann weiter unterhalb in der Tiefe der Klappe eingefügt. Die beigegebene Zeichnung gibt dasselbe Bild wie bei den vorangehenden Arten. Die Spitze des akzessorischen Elementes ist nach vorn gerichtet. Die Siphonalpartie verhält sich wie bei *Lamprops fuscata*.
Länge 13 mm.

Übersicht über die Familie Lampropidae.

Bei den durchgesprochenen Gattungen wurde eine große Ähnlichkeit im Bau des Kiemenapparates festgestellt. Die Kiemenpartie hat wiederum die Kahnform. Eine Kiemenplatte ist nicht vorhanden. Die

Elemente sitzen direkt am oberen Rande der Medialwand und sind nur in geringer Anzahl vertreten. Sie nehmen in der Richtung von hinten nach vorn an Größe zu. Ein akzessorisches Element ist bei allen besprochenen Arten vorhanden mit Ausnahme von *Lamprops fuscata*. Seine Spitze ist nach vorn gerichtet, nur bei *Platytyphlops peringueyi* nach hinten.

Die Siphonalpartien scheinen bei keinem Genus fest miteinander verfalzt zu sein, was sich besonders aus der Präparation von *Lamprops fuscata* ergab. Ihre Enden ähneln der Lanzettenspitze von *Diastylis glabra*, doch wurde eine Seitenmembran nicht beobachtet. Der von ihnen gebildete Egestionstubus ist klein und unvollkommen.

Das Integument ist dünn und wenig inkrustiert. Dadurch findet die geringe Anzahl der Elemente ihre Erklärung.

3. Familie Pseudocumidae.

Genus *Pseudocuma* G. O. SARS.

Pseudocuma longicornis (BATE).

SARS (1879) gibt einen kurzen Hinweis auf den Kiemenapparat: ,,Gjelleapparatet har saavel Viften som den forreste Del normalt udviklet, men mangler ganske ethvert Spor af egentlige Gjeller. Den foran Rostrum traedende Del

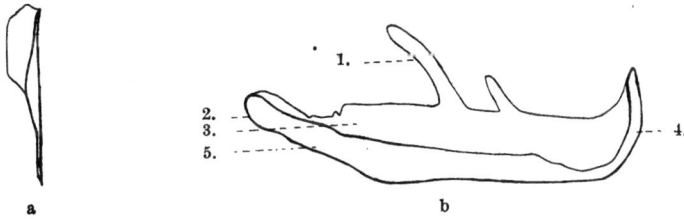

Abb. 17. *Pseudocuma longicornis* (BATE). Kiemenapparat links (etwa 50 × vergr.). a Siphonalpartie. b Kiemenpartie. 1. Elemente. 2. Vord. Zipfel. 3. Medialwand. 4. Hint. Zipfel. 5. Lateralwand.

danner til hver Side en triangulaer incrusteret Plade, der under Respirationen er i en klappende Bewaegelse." Seine für das Weibchen beigefügte Zeichnung zeigt die kahnförmige Kiemenpartie ohne Elemente.

Für die Untersuchung standen mehrere Weibchen im Brutkleid und ein Männchen im Hochzeitskleid zur Verfügung. Die Präparation läßt sich leicht bewerkstelligen, da der Karapax nicht spröde ist (Abb. 17).

Eine Kiemenplatte ist nicht vorhanden. Die mediale Wand trägt an ihrem oberen Rande zwei verschieden große Elemente. Das hintere ist etwa so groß wie der hinten umgebogene Zipfel, das vordere dagegen ungefähr noch einmal so lang und so breit. Das akzessorische Element fehlt. Zu der SARSschen Darstellung bezüglich der Siphonalpartie mit der lanzettenförmigen Spitze, die eine seitliche Membran trägt, ist nichts hinzuzufügen. Eine Verfalzung der beiden Spitzen und eine gemeinsame Siphobildung war nicht zu beobachten.

Die Untersuchung des Kiemenapparates des Männchens ergab denselben Befund. Ein Geschlechtsdimorphismus ist demnach nicht zu verzeichnen.

Länge 3 mm, Weibchen; 3,5 mm, Männchen.

Pseudocuma similis G. O. SARS.

Nach SARS (1900) trägt die Kiemenpartie etwa in der Mitte der medialen Wand ein sehr kurzes Element, direkt am Rande inserierend. Die Siphonalpartie ist nicht dargestellt.

Länge 5 mm.

Genus *Pterocuma* G. O. SARS.

Pterocuma pectinata (SOWINSKY).

Die Präparation dieser Spezies mit weichem Karapax ergab einen Kiemenapparat (Abb. 18), der dem von *Pseudocuma longicornis* ähnelt. Die Kiemenpartie besitzt keine Kiemenplatte. An der hoch hinaufgezogenen medialen Wand sitzen am oberen Rande 3 Elemente im weiten Abstand voneinander. Das hinterste ist sehr klein, fast rudimentär, das vorderste das längste.

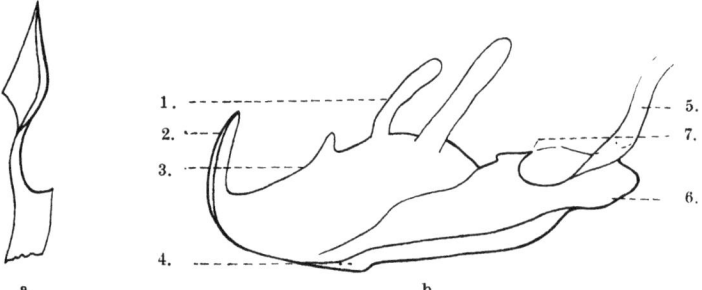

Abb. 18. *Pterocuma pectinata* (SOWINSKY). Kiemenapparat rechts (etwa 57 × vergr.). a Siphonalpartie. b Kiemenpartie. 1. Elemente. 2. Hinterer Zipfel. 3. Medialwand. 4. Lateralwand. 5. Siphonalpartie. 6. Vord. Zipfel. 7. Ansatzstelle am Maxillipes (abpräpariert).

Die Siphonalpartie ist wie bei *Pseudocuma* entwickelt. Es findet sich vorn eine lanzettenähnliche Spitze mit membranösem Seitenlappen. Die Spitzen sind nicht miteinander verfalzt. Das Integument ist nicht hart.

Länge 8 mm, Weibchen.

Pterocuma sowinsky (G. O. SARS).

Nach SARS (1893) trägt die Kiemenpartie 4 sackförmige Elemente, die an Größe nach hinten stark abnehmen, und ein akzessorisches, das mit der Spitze nach vorn gerichtet ist. Die Siphonalpartie endet mit einer dreieckigen inkrustierten Spitze, die sehr derjenigen von *Pterocuma pectinata* ähnelt. Aus der Zeichnung geht hervor, daß eine Kiemenplatte nicht vorhanden ist.

Länge 11 mm.

Übersicht über die Familie Pseudocumidae.

Eine gute Übereinstimmung im Bau des Kiemenapparates zeigen die beiden besprochenen einander sehr nahe stehenden Gattungen dieser Familie. Der Mangel einer Kiemenplatte und die geringe Anzahl der Elemente sind die besonderen Merkmale. Die Elemente sind weit kleiner als bei den Diastyliden. Ein akzessorisches Element mit nach vorn gerichteter Spitze findet sich nur bei der Spezies *Pterocuma sowinsky*. Die Kiemenpartie besitzt auch bei dieser Familie die kahnförmige Gestalt.

Die Siphonalpartien laufen spitz aus mit kleiner Lanzette; sie sind nicht miteinander verfalzt und bilden deshalb nur einen unvollkommenen Egestionstubus.

Das Integument ist wenig inkrustiert.

4. Familie Leuconidae.

Genus *Eudorella* A. M. NORMAN.

Eudorella emarginata (KROYER).

Bei der äußeren Besichtigung des Karapax fällt in der Gattung lateral seine etwas viereckige Form ins Auge, die durch das Fehlen des Pseudorostrums bewirkt wird. Festzustellen, welche Einwirkung dies auf den Kiemenapparat hat, war von Interesse. Sucht man das vordere Ende des Kopfbrustschildes bei *Eudorella emarginata* nach den Spitzen der Siphonalpartien ab, so gelingt es

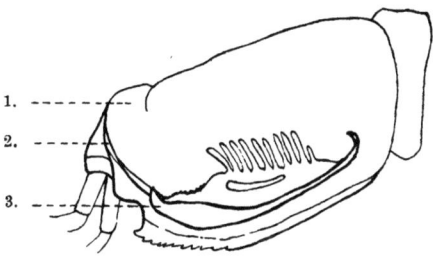

Abb. 19. *Eudorella emarginata (Kr.)*. *Die Lage des Kiemenapparates in der Höhle unter dem Karapax* (etwa 14 × vergr.). 1. Karapax. 2. Siphonalpartie am vorderen Karapaxrand. 3. Kiemenpartie.

nicht, sie festzustellen. Die Präparation geht leicht von statten, da das Integument wenig spröde ist (Abb. 19).

Löst man den vorderen Teil des Karapax ab, so stellt sich heraus, daß die Enden der Siphonalpartien völlig getrennt voneinander sich nach dem vorderen Karapaxrand wenden und, an ihm ein kurzes Stück entlang laufend, dorsal an seiner Verwachsungsstelle mit dem Cephalothorax in der dadurch gebildeten Falte enden.

Die Kiemenpartie (Abb. 20) besitzt die kahnförmige Gestalt. Eine Kiemenplatte ist nicht vorhanden. Die Elemente sind am oberen Rand der medialen

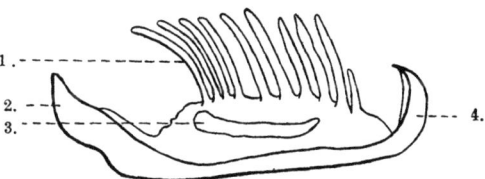

Abb. 20. *Eudorella emarginata (Kr.)*. *Kiemenpartie des Männchens, links* (etwa 25 × vergr.).
1. Elemente. 2. Vord. Zipfel. 3. Access. Element. 4. Hint. Zipfel.

Wand nicht besonders dicht aufgereiht. Sie stehen etwas nach vorn umgelegt. Ich zählte 7 Stück, davon das hinterste verkürzt, eine Zahl, die auch SARS in seiner Abbildung festgehalten hat; außerdem fand sich ein akzessorisches am Boden der Partie mit der Spitze nach hinten gewandt.

Der Kiemenapparat des adulten Männchens bietet einen Unterschied in der Entwicklung der Elemente. Sie sind länger und kräftiger. Ich zählte 10 Elemente hintereinander gereiht, davon das letzte wie beim Weibchen nur halb so groß wie die vorderen. Hinzu kommt noch das akzessorische.
Länge 10 mm, Weibchen und Männchen.

Eudorella truncatula (SP. BATE).

SARS (1879) hat 6 und ein akzessorisches Element, letzteres mit der Spitze nach hinten gerichtet, gefunden, die längs in einer etwas gekrümmten Linie geordnet sind. Das kleinste Element ist hinten, das größte vorn in der Reihe. Die Siphonalpartie endet mit einer besonders kleinen Platte, die mit der der anderen Seite einen ganz kurzen Tubus bildet. Seine Zeichnungen (1871 und 1879) zeigen einen Kiemenapparat ohne Kiemenplatte. Das Integument ist dünn.
Länge 5 mm.

Genus *Eudorellopsis* G. O. SARS.

Eudorellopsis integra (S. I. SMITH).

Trotz der geringen Größe kann man wegen des weichen Integuments die Präparation ohne Schwierigkeiten vornehmen. Ein Pseudorostrum ist nicht vorhanden; der fast senkrecht zur Rückenlinie abfallende Vorderrand erinnert an *Eudorella*.

Eine Kiemenplatte fehlt (Abb. 21). Die Elemente sitzen am oberen Rande der medialen Wand in geringem Abstand voneinander und sind ein wenig

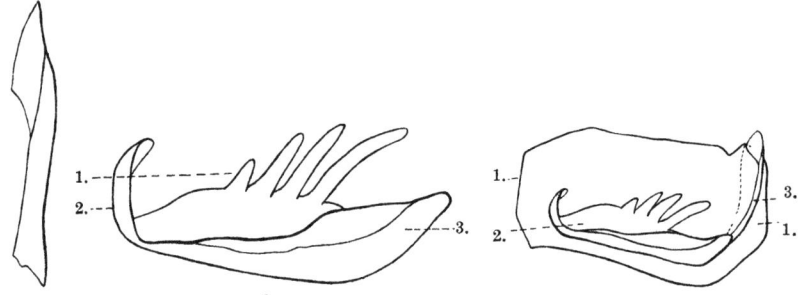

Abb. 21. *Eudorellopsis integra* (S. I. Sm.). Kiemenapparat rechts (etwa 30 × vergr.). a Siphonalpartie. b Kiemenpartie. 1. Elemente. 2. Hint. Zipfel. 3. Vord. Zipfel.

Abb. 22. *Eudorellopsis integra* (S. I. Sm.). Lage des Kiemenapparates innerhalb der Kiemenhöhle (etwa 17 × vergr.). 1. Karapax. 2. Kiemenpartie. 3. Siphonalpartie.

nach vorngeneigt. Beim Weibchen fanden sich 4, beim Männchen im Hochzeitskleide 5 Elemente. Bei letzterem waren die Größenunterschiede bedeutend: das vorletzte viel kleiner als die drei vorderen, das letzte fast rudimentär. Ein akzessorisches war nicht festzustellen.

Die Siphonalpartie verläuft nicht gerade nach vorn. Sie windet sich im Bogen zum Vorderrand des Karapax, verläuft bis zur Gegend des Frontallobus und endet dort mit einer lanzettenähnlichen Spitze (Abb. 22), die nicht wagerecht nach vorn, sondern senkrecht nach oben gewendet ist. Die beiden Enden sind frei beweglich. Sie legen sich oberhalb der Antennen aneinander, um einen Sipho zu bilden.
Länge 5 mm, Weibchen und Männchen.

Eudorellopsis deformis (Kr.).

Von dieser Spezies gibt Sars (1871 und 1900) zwei Darstellungen, die auseinander gehen. In der älteren heißt es, daß nur 3 Elemente vorhanden sind. Nach der beigegebenen Zeichnung sind es zwei aufrecht stehende und ein akzessorisches, dessen Stellung nicht ganz klar ist. Die neuere Beschreibung gibt dagegen nur zwei am oberen Rande der Medialwand aufrecht stehende Elemente an. Die Siphonalpartie ist auf der ersten Zeichnung nicht dargestellt, auf der zweiten läuft sie in zwei einzelne Enden aus.

Länge 5 mm.

Zusammenfassung der Gattungen Eudorella und Eudorellopsis.

Die Kiemenapparate dieser Gattungen gleichen sich im allgemeinen: der Kiemenpartie fehlt die Kiemenplatte und die Elemente sind nur in geringer Anzahl vertreten. Das akzessorische Element wurde nur bei *Eudorella* sicher festgestellt und ist mit der Spitze nach hinten gerichtet.

Das Verhalten der Siphonalpartien ist nicht einheitlich: bei *Eudorella truncatula* und *Eudorellopsis integra* wird eine kleine Tube gebildet, während die Spitzen bei *Eudorella emarginata* getrennt verlaufen und am vorderen Karapaxrand enden.

Das Integument ist bei beiden Genera weich.

Genus *Leucon* Kroyer.

Leucon nasica (Kr.).

Die Untersuchung des Karapax, der mit nach vorn spitz auslaufendem Pseudorostrum versehen ist, ergibt ein weiches, gering verkalktes Integument.

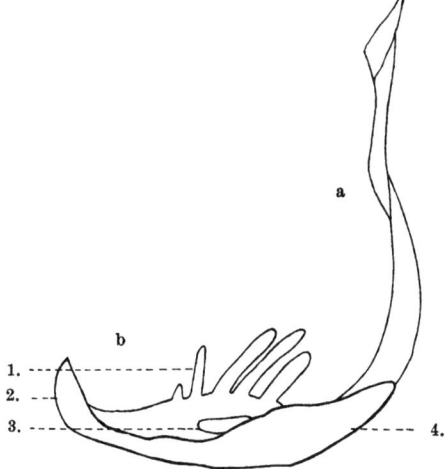

Abb. 23. *Leucon nasica (Kr.). Kiemenapparat rechts* (etwa 20 × vergr.). a Siphonalpartie. b Kiemenpartie. 1. Elemente. 2. Hint. Zipfel. 3. Acc. Element. Vord. Zipfel.

Der vordere Zipfel der Kiemenpartie ist der breiten bandförmigen Siphonalpartie gegenüber wenig deutlich zu sehen (Abb. 23). Eine Kiemenplatte ist nicht vorhanden. An der medialen Wand stehen aufgerichtet und hintereinander geordnet 5 Elemente, von denen die drei vorderen die längsten sind. Das vierte ist weniger groß und das letzte am kleinsten. Am Boden findet sich das akzessorische Element, dessen Spitze nach hinten gerichtet ist.

Die Siphonalpartien sind bogenförmig gekrümmt, laufen nach dem Pseudorostrum spitz zu und enden mit einer lanzettenähnlichen Spitze mit großer seitlicher Membran. Zusammen bilden sie einen Sipho, der ein gutes Stück über das Pseudorostrum hinausreichen kann. Er wird von kurzen Borsten umgeben, die am Pseudorostrum sitzen und nach vorn gerichtet sind.

Ein Männchen stand für die Untersuchung nicht zur Verfügung.

Länge 12 mm, Weibchen.

Leucon assimilis G. O. SARS.

Nach SARS (1887) ist der Kiemenapparat weniger stark entwickelt. Die Kiemenpartie trägt nur 5 schmale fingerförmige Elemente. Vier stehen am oberen Rande der Medialwand, eins liegt am Boden der Partie und ist mit der Spitze nach hinten gerichtet. Sie nehmen von hinten nach vorn an Größe zu. Die Siphonalpartie ist länger als die Kiemenpartie und endet in einer lanzettenähnlichen Spitze, die von einer dünnen und durchsichtigen Membran umsäumt ist. In Verbindung mit der korrespondierenden Spitze der anderen Seite wird ein verlängerter Tubus gebildet, der für die Ausstoßung des Wassers dient. Auch bei dieser Spezies stehen am Pseudorostrum kurze Borsten. Das Integument ist dünn.

Länge 9 mm.

Leucon mediterraneus G. O. SARS.

SARS (1879) berichtet, daß am Kiemenapparat 4 schmale wurstförmige Elemente und ein akzessorisches vorhanden sind, dessen Spitze nach hinten gerichtet ist. Sie nehmen von hinten nach vorn an Größe zu. Das Vorderende der Siphonalpartie hat die Form einer dünnen etwas gebogenen dreieckigen Platte, welche mit der der anderen Seite eine lange Röhre bildet. Am Pseudorostrum wiederum kurze Borsten. Das Integument ist dünn.

Länge 6 mm.

Leucon heterostylis CALMAN.

CALMAN (1911) sagt von dem Kiemenapparat dieser Spezies, daß zwei schmale papillenförmige Elemente vorhanden sind. Nach meiner Ansicht hängt diese Reduktion der Elemente mit der geringen Größe dieser Art zusammen.

Länge 3,42 mm.

Leucon siphonatus CALMAN.

CALMAN (1905) berichtet über die Siphonalpartie: der Sipho reicht über das Pseudorostrum hinaus und zwar ein Stück, das so lang wie der Karapax ist. Er ist von steifen Borsten umgeben, die am Rande des Pseudorostrums stehen. Auf der dorsalen Seite sind diese Borsten nur wenig kürzer als der Sipho, während sie sich nach der Ventralseite hin in ihrer Länge rasch verkürzen. Die Zeichnung erläutert die Lage des langen Sipho innerhalb des Borstenkranzes, der gleichsam als Führung zu dienen scheint.

Länge 3,85 mm.

Zusammenfassung.

Die Gattung *Leucon* besitzt einen Kiemenapparat ohne Kiemenplatte mit nur wenigen Elementen, 2—5 an der Zahl. Sie stehen in der Mitte des oberen Randes der Medialwand und nehmen von hinten nach vorn an Größe zu. Das akzessorische Element — nur bei der kleinen Spezies *L. heterostylis* nicht vorhanden — ist mit der Spitze nach hinten gerichtet. Die Siphonalpartien bilden zusammen einen Sipho, der vor das Pseudorostrum vorgestreckt werden kann, bei *L. siphonatus* besonders weit. Die bei diesem Genus am Pseudorostrum beobachteten kurzen Borsten sind bei *L. siphonatus* dorsal recht lang, so daß sich der Sipho ihnen anlegt.

Das Integument ist wenig verkalkt.

Genus *Heteroleucon* CALMAN.
Heteroleucon acaroensis CALMAN.

Nach CALMAN (1911) trägt der hintere Teil des Kiemenapparates nur zwei schmale papillenförmige Elemente. Auf seiner Zeichnung sind dementsprechend 2 Elemente leicht angedeutet. Die Siphonalpartien sind relativ lang und enden mit großen seitlichen membranösen Seitenlappen.

Länge 2,75 mm.

Genus *Paraleucon* CALMAN.
Paraleucon suteri CALMAN.

Bei CALMAN (1911) findet sich auch bezüglich dieser Art die Bemerkung, daß der Kiemenapparat reduziert ist. Die Elemente sind nur durch zwei kleine Papillen angedeutet. Die Zeichnung bestätigt die Abwesenheit von eigentlichen Elementen. Die Siphonalpartie ist mittellang, bezüglich der Siphobildung nichts zu ersehen.

Länge 2,9 mm.

Übersicht über die Familie Leuconidae.

Im Bau des Kiemenapparates zeigt diese Familie eine gute Übereinstimmung. Die Kiemenpartie besitzt die kahnähnliche Grundform. Eine Kiemenplatte ist nicht vorhanden; die mediale Wand trägt an ihrem oberen Rande die stets nur in geringer Anzahl auftretenden Elemente, welche von hinten nach vorn an Größe zunehmen. Das akzessorische Element ist mit seiner Spitze nach hinten gerichtet, fehlt aber bei den kleinsten Vertretern der Familie (*Leucon heterostylis, Heteroleucon acaroensis, Paraleucon suteri*). Geschlechtsdimorphismus wurde nur bei zwei Arten beobachtet, bei *Eudorella emarginata* und *Eudorellopsis integra*. Er drückt sich durch Vermehrung der Elemente beim männlichen Geschlecht aus.

Die Siphonalpartien sind verschieden ausgebildet. Bei der Gattung *Eudorella* ist einmal ein getrennter Verlauf zum Karapaxrand, das andere Mal eine kurze Tubenbildung der beiden Enden zu beobachten. Bei dem Genus *Eudorellopsis* sind die Spitzen bei der Bildung des Sipho nur lose aneinander gelegt. Auffallend groß ist der membranöse Seitenlappen bei den Genera *Leucon* und *Heteroleucon*. Dadurch wird der gemeinsam gebildete Tubus länger als bei sämtlichen bisher besprochenen Spezies.

Das Integument kann als dünn und gering inkrustiert bezeichnet werden.

5. Familie Nannastacidae.

Genus *Nannastacus* Sp. Bate.

Nannastacus sauteri C. Zimmer.

Bei den für die Untersuchung zur Verfügung stehenden Exemplaren dieser Spezies handelte es sich durchweg nur um Männchen im Hochzeitskleide, so daß der Kiemenapparat des Weibchens nicht geprüft werden konnte.

Die Kiemenpartie ist langgestreckt und läuft hinten in einen spitzen Zipfel aus (Abb. 24). Die Kiemenplatte hat eine wesentliche Wandlung erfahren. Die bekannte runde oder ovale Platte ist nicht vorhanden, vielmehr ist an ihre Stelle ein „Kiemenhalter" getreten: die Elemente sind dicht hintereinander

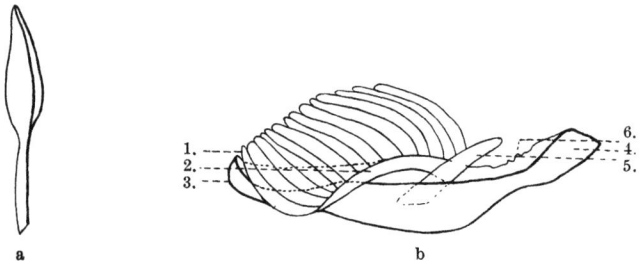

Abb. 24. *Nannastacus sauteri* C. Zimmer. Männchen im Hochzeitskleid. Kiemenapparat rechts (etwa 150 × vergr.). a Siphonalpartie. b Kiemenpartie. 1. Elemente. 2. Stiel. 3. Hint. Zipfel. 4. Vord. Zipfel. 5. Access. Element. 6. Ansatzstelle am Maxillipes (abpräpariert).

gestellt an einem bogenförmig gekrümmten Stiel aufgereiht, der an der medialen Wand in der Nähe ihrer Ansatzstelle am Maxillipes inseriert, sich nach hinten verjüngt und innerhalb der Kiemenpartie frei liegt. Die Zahl der Elemente beträgt 14 und ein akzessorisches am Boden, mit der Spitze nach vorn gerichtet.

Die Siphonalpartie hat einen regelmäßigen Bau. Die beiderseitigen Spitzen sind nicht miteinander verfalzt und bilden einen unvollkommenen Tubus. Das Integument ist weich.

Länge 1,3 mm, Männchen.

Nannastacus georgi Stebbing.

Bei Stebbing (1900 und 1913) findet sich die Bemerkung, daß rund 16 Elemente vorhanden zu sein scheinen. Eine Zeichnung des Kiemenapparates ist nicht vorhanden.

Länge 2,5 mm, Männchen.

Nannastacus unguiculatus Sp. B.

Nach Sars (1879) besteht bei dieser Spezies ein auffallender Geschlechtsdimorphismus. Dem Weibchen fehlen die Elemente gänzlich, während beim Männchen 16 gut entwickelte, blattförmige Elemente vorhanden sind. Diese scheinen, nach der Zeichnung zu urteilen, wie bei *Nannastacus sauteri*, wo es sich ebenfalls um ein Männchen handelt, fächerförmig an einem langen Stiel zu inserieren. Außerdem ist ein akzessorisches Element vertreten, dessen Spitze nach hinten gerichtet ist. Die Siphonalpartien bilden scheinbar jede für sich einen Sipho, der weit über das Pseudorostrum hinausragen kann. Das Integument ist mittelhart.

Länge 2 mm, Weibchen und Männchen.

Zusammenfassung.

Für die Gattung ergibt sich ein stark ausgeprägter Geschlechtsdimorphismus. Beim Weibchen fehlen die Elemente, beim Männchen sind sie zahlreich vorhanden. Sie nehmen eine besondere Stellung ein, da sie fächerähnlich an einem Kiemenhalter aufgereiht sind. Das akzessorische Element ist einmal nach vorn, das andere Mal nach hinten gerichtet. Die Siphonalpartien bilden getrennte Siphonen, die vor das Pseudorostrum vorragen können.

Genus *Cumella* G. O. SARS.

Cumella limicola G. O. SARS.

Bei SARS (1879) findet sich die Bemerkung, daß der Kiemenapparat des Männchens im Gegensatz zu dem des Weibchens mit blattförmigen Elementen versehen ist, im ganzen 16 an der Zahl. Aur der beigefügten Zeichnung läßt sich erkennen, daß 15 fächerähnlich an einem langen Stiel befestigt sind und das 16. als akzessorisches mit der Spitze nach hinten gerichtet ist. Der Kiemenapparat des Weibchens ist nicht abgebildet. Über die Siphonalpartien geht aus der Zeichnung nur soviel hervor, daß sie als Tubus, vielleicht beide Enden getrennt, weit über das Pseudorostrum hinausreichen. Das Integument ist ziemlich dünn.

Länge 3 mm, Weibchen; 3,5 mm, Männchen.

Cumella pygmaea G. O. SARS.

SARS (1879) gibt über den Kiemenapparat des Weibchens dieser Spezies an, daß die Elemente fehlen. Die Siphonalpartie ist stark entwickelt und endet mit einer besonders dünnen, durchsichtigen Spitze, die mit der der anderen Seite einen langen, schnauzenförmigen Tubus bildet. Auf einer Zeichnung des Kiemenapparates vom Männchen hat er 7 in der Mitte und am Rande der Medialwand ansetzende Elemente und ein akzessorisches, das mit der Spitze nach hinten gerichtet ist, wiedergegeben. Das Integument ist weich.

Länge 2,5 mm, Weibchen; 3 mm, Männchen.

Cumella gracillima CALMAN.

CALMAN (1905) schildert die Siphonalpartie: die beiden Siphonen sind voneinander getrennt und sehr lang. Jeder ist von einer durchsichtigen, strukturlosen Membran gebildet, die in eine spiralige Tube aufgerollt ist mit der Fähigkeit, sich teleskopartig zu verlängern oder zusammenzuziehen. Bei den untersuchten Exemplaren ragten die Siphonen, trotzdem sie scheinbar nicht ganz ausgestreckt waren, ein Stück wie die Karapaxlänge vor die Pseudorostralöffnung vor. Die Kiemenpartie war nicht gut erhalten, eine Untersuchung deshalb nicht möglich.

Länge 2,75 mm.

Zusammenfassung.

Auch bei der Gattung *Cumella* ist ein Unterschied im Bau des Kiemenapparates der beiden Geschlechter zu beobachten. Beim Weibchen fehlen die Elemente gänzlich, beim Männchen sind zahlreiche in fächerähnlicher Anordnung vorhanden. Ihre Insertion ist verschieden; sie sind bald an einem Kiemenhalter befestigt, bald am Rande der Medialwand anzutreffen. Das akzessorische Element ist mit seiner Spitze nach hinten gerichtet. Die Siphonalpartien sind durchweg gut entwickelt und ragen weit über das Pseudorostrum hinaus. Nach SARS vereinigen sich die beiden Enden zu einem Tubus, während CALMAN betont, daß sie voneinander getrennt sind und jede Partie einzeln einen Tubus bildet, der sich verlängern und einziehen läßt. Das Integument ist weich.

Genus Cumellopsis CALMAN.
Cumellopsis helgae CALMAN.

Bei CALMAN (1905) findet sich der Hinweis, daß beim jungen Männchen 9 Elemente und ein akzessorisches, dessen Spitze nach hinten gerichtet ist, vorhanden sind. Nach seiner Zeichnung fehlt die Kiemenplatte; die Elemente sitzen am Rande der Medialwand. Die Siphonalpartie ist groß und breit. Eine Vereinigung der beiden vorderen Enden scheint gemäß seiner Figur II, 21 nicht stattzufinden. Ein sicheres Urteil läßt sich demnach über diese Gattung nicht fällen. Allerdings bekräftigt der Befund von 10 Elementen ohne Kiemenplatte die bei den vorigen Gattungen gemachte Beobachtung, daß beim Männchen zahlreiche Elemente vorhanden sind.

Länge 4,7 mm, junges Männchen.

Genus Platycuma CALMAN.
Platycuma holti CALMAN.

CALMAN (1905) gibt über den Kiemenapparat des Männchens die Mitteilung, daß die Kiemenpartie ein einzelnes Element trägt und die Siphonalpartie an der Basis ausgebreitet ist. Nach seiner Zeichnung ist eine Kiemenplatte nicht vorhanden. Der Ausgang der Siphonalpartie ist auf der Abbildung nicht genau zu erkennen.

Länge 4,1 mm, Männchen.

Genus Schizotrema CALMAN.
Schizotrema calmani STEBBING.

STEBBING (1912) beschreibt ein Männchen und sagt, daß etwa 7 Elemente vorhanden sind. Auf der beigegebenen Zeichnung ist eine Kiemenplatte nicht wiedergegeben. Die Elemente scheinen an der Medialwand zu inserieren. Ein akzessorisches ist nicht zu erkennen. Die Siphonalpartie ist mit einem großen Seitenlappen wiedergegeben.

Länge 2,5 mm, Männchen.

Genus Campylaspis G. O. SARS.
Campylaspis rubicunda (LILJ.).

Von dieser Art gibt SARS (1900) eine Abbildung des Kiemenapparates; ein Hinweis auf seinen Bau findet sich außerdem bei STREBBING (1913).

Ich habe bei der Präparation des Weibchens — ein Männchen stand nicht zur Verfügung — die Angaben der beiden Autoren bestätigt gefunden. Das Integument ist nicht weich (Abb. 25).

Die Kiemenpartie weist die Kahnform auf, ist aber flach entwickelt. Der hintere Zipfel ist groß und nach vorn umgebogen. Die Kiemenplatte ist zu dem von *Nannastacus sauteri* her bekannten Kiemenhalter umgeformt, der an der medialen Wand dicht neben der Insertionsstelle der Kiemenpartie entspringt und sich in ihrem Innern nach hinten frei erstreckt. An seiner oberen Kante trägt er die Elemente, 9 an der Zahl. Sie sind teils nach vorn, teils nach hinten gewandt und nicht besonders dicht aneinander gereiht. Ein akzessorisches Element findet sich am Boden und ist mit der Spitze nach hinten gerichtet. Nach Sars sind beim Männchen 19 Elemente im ganzen vorhanden.

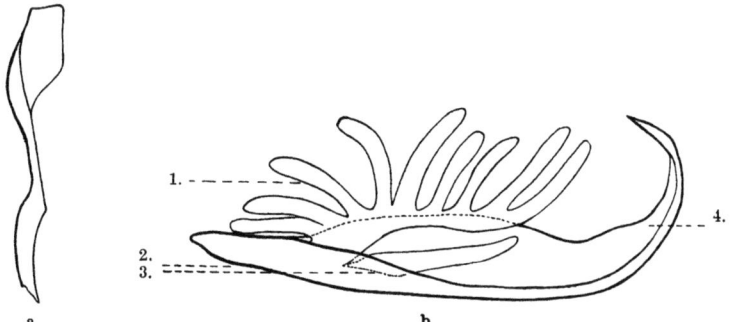

Abb. 25. *Campylaspis rubicunda (Lilj.)*. Kiemenapparat links (etwa 57 × vergr.). a Siphonalpartie. b Kiemenpartie. 1. Elemente. 2. Vord. Zipfel. 3. Access. Element. 4. Hint. Zipfel.

Die Siphonalpartie läuft nicht in die bekannte Lanzettenspitze aus, sondern besitzt eine ruderblattähnliche Form. Eine gegenseitige Verfalzung konnte ich nicht feststellen. Die beiden breiten Enden bilden zusammen einen Sipho, der über das Pseudorostrum hinausragt.

Länge 6 mm, Weibchen.

Campylaspis verrucosa G. O. Sars var. *antarctica* Calman.

Für die Untersuchung stand nur ein Exemplar, ein Weibchen, zur Verfügung, dessen Integument hart erschien (Abb. 26).

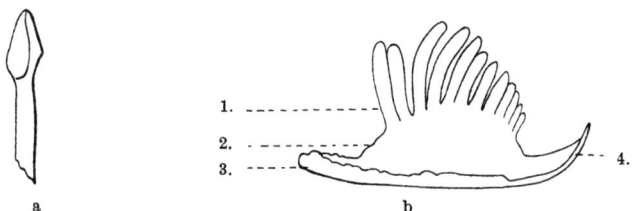

Abb. 26. *Campylaspis verr. var. antarctica* Calman. Kiemenapparat links (etwa 42 × vergr.). a Siphonalpartie. b Kiemenpartie. 1. Elemente. 2. Medialwand. 3. Vord. Zipfel. 4. Hint. Zipfel.

Eine Kiemenplatte und ein akzessorisches Element sind nicht vorhanden. Bei der Kiemenpartie ist die mediale Wand hoch hinaufgezogen. An ihr sind 12 Elemente dichtgestellt in mittlerer Größe hintereinander aufgereiht. Das größte befindet sich am vorderen Ende, das kleinste ist dem kurzen, nach innen umgebogenen hinteren Zipfel der Kiemenpartie zugewandt.

Die Siphonalpartie hat die Lanzettenform mit mittelgroßem lamellösem Lappen. Die beiden Spitzen sind nicht miteinander verfalzt, sondern lassen

sich unter dem Pseudorostrum leicht hervornehmen. Sie bilden einen Sipho, der über das Pseudorostrum hinausragt.
Länge 5 mm, Weibchen.

Campylaspis glabra G. O. SARS.

Nach SARS (1879) ist der Kiemenapparat von normalem Bau, die Kiemenpartie schmal und beinahe säbelförmig. An einem etwas vor ihrer Mitte vorspringenden halbkreisförmig gebogenen Saum sind 11 Elemente und ein akzessorisches befestigt, das mit der Spitze nach hinten gerichtet ist. Die Siphonalpartie ist länger als die Kiemenpartie. Sie endet mit einem ungewöhnlich großen dreieckigen Lappen von so dünner und durchsichtiger Beschaffenheit, daß die Konturen nur mit Schwierigkeit zu unterscheiden sind. Zusammen mit dem der anderen Seite wird ein besonders großer Tubus gebildet. Aus der Zeichnung ergibt sich die Aufreihung der Elemente an einem Stiel. Sie nehmen von hinten nach vorn an Größe zu. Das Integument ist hart.
Länge 3 mm.

Campylaspis macrophthalma G. O. SARS.

SARS (1879) sagt, daß sich der Kiemenapparat ganz wie bei der vorigen Art verhält.
Länge 5 mm.

Campylaspis nitens BONNIER.

BONNIER (1896) beschreibt den Kiemenapparat des jungen Männchens als breit entwickelt. Etwa 19 Elemente und ein akzessorisches, das mit der Spitze nach hinten gerichtet ist, sind zu zählen. Auf seiner Zeichnung ist zu erkennen, daß die Elemente an einem Halter fächerähnlich hintereinander geordnet sind. Die Siphonalpartien besitzen vorn den großen membranösen Seitenlappen. Nach Abb. 4b werden zwei getrennte Siphonen gebildet.
Länge 5 mm, junges Männchen.

Campylaspis nodulosa G. O. SARS.

Nach SARS (1887) sind bei dieser Spezies — es handelt sich um ein Weibchen — eine Serie von 10 fingerförmigen Elementen am fast halbkreisförmigen Rand der Medialwand befestigt. Außerdem ist ein akzessorisches vorhanden, das mit der Spitze nach hinten gerichtet ist. Die Siphonalpartie läuft in ein sehr zartes und durchsichtiges Läppchen aus, das zusammen mit dem der anderen Seite einen unvollständigen Tubus bildet. Das Integument ist sehr hart.
Länge 5 mm, junges Tier.

Campylaspis ovalis STEBBING.

Am Kiemenapparat sind sehr zahlreiche Elemente vertreten (STEBBING 1912). Nach der beigegebenen Zeichnung inserieren die Elemente an einem Halter. Sie nehmen von hinten nach vorn an Größe zu. Ein akzessorisches Element ist nicht vorhanden und die Siphonalpartie nicht dargestellt.
Länge 3,3 mm, junges Männchen.

Campylaspis paeneglaber STEBBING.

Der Kiemenapparat ist mit einer großen Zahl Elemente versehen (STEBBING 1912). Nach der Abbildung sind sie zahlreicher und länger als bei der vorigen Spezies. Über ihre Insertion, die Existenz eines akzessorischen Elementes und über die Siphonalpartie ist nichts zu ersehen.
Länge 4,3 mm, Männchen.

Campylaspis spinosa CALMAN.

Der Kiemenapparat ist beträchtlich reduziert. Nur drei Elemente sind zu sehen (CALMAN 1916). Eine Zeichnung ist nicht vorhanden.
Länge 3,1 mm, subadultes Weibchen.

Campylaspis sulcata G. O. SARS.

Von dem Kiemenapparat dieser Species findet sich bei SARS (1900) eine Zeichnung ohne Angabe, ob es sich um den Kiemenapparat eines Weibchens oder den eines Männchens handelt. Es sind 10 Elemente halbkreisförmig an einem Halter geordnet vorhanden und ein akzessorisches, das mit der Spitze nach hinten gerichtet ist. Der von den Siphonalpartien gebildete Tubus ragt ein gutes Stück über das Pseudorostrum hinaus.
Länge 4,5 mm.

Campylaspis undata G. O. SARS.

Der Kiemenapparat dieser Art verhält sich nach der Abbildung von SARS (1900) wie der der bereits besprochenen Spezies. Die Zahl der Elemente ist 7. Sie inserieren an einem bogenförmigen Halter. Es ist ein akzessorisches Element vorhanden, das mit der Spitze nach hinten gerichtet ist. Die Siphonalpartien laufen ruderblattähnlich aus und bilden einen großen Tubus.
Länge 6 mm.

Zusammenfassung.

Bei dem Genus *Campylaspis* ergeben sich somit zwei Typen. Die Präparation von *Campylaspis rubicunda* zeigte die von *Nannastacus sauteri* her bekannte Insertion der Elemente. Die Kiemenplatte ist als langer schmaler Halter entwickelt, der vorn in der Kiemenpartie entspringt und sich nach hinten frei erstreckt. An ihm sitzen die Elemente, beim Weibchen 9, beim Männchen 19. Außerdem ist ein akzessorisches vorhanden, dessen Spitze nach hinten gerichtet ist. Denselben Bau hat der Kiemenapparat von *C. glabra, macrophthalma, nitens, ovalis, sulcata* und *undata*.

Im Gegensatz dazu, dies ist der andere Typus, ergab die Präparation von *Campylaspis verrucosa* var. *antarctica*, daß die Elemente am oberen Rande der Medialwand inserieren; ihre Zahl ist beim Weibchen 12, beim Männchen jedoch noch unbekannt. Ein akzessorisches Element konnte ich nicht beobachten. Zu diesem Typus gehört *C. nodulosa*, die allerdings das akzessorische Element besitzt.

Das Vorhandensein dieser beiden Insertionsformen gäbe somit Veranlassung, zu prüfen, ob noch andere Merkmale vorhanden sind, die für eine Aufteilung dieser Gattung sprechen.

Die Siphonalpartien verhalten sich im allgemeinen wie bei *C. rubicunda*. Sie besitzen an ihrem vorderen Ende eine ruderblattähnliche Membran und bilden zusammen einen Tubus. Nur bei *C. nitens* hat BONNIER getrennte Siphonen gezeichnet.

Das Integument der Gattung *Campylaspis* ist hart.

Genus *Procampylaspis* BONNIER.

Procampylaspis armata BONNIER.

BONNIER (1896) beschreibt unter der Bezeichnung *P. armata* ein unreifes Männchen und unter dem Artnamen *P. echinata* ein erwachsenes Männchen. Bei ersterem zählt er rund 12 Elemente (darunter ein akzessorisches, das mit der Spitze nach vorn gerichtet ist) und bei letzterem etwa 22 Elemente und ein akzessorisches, dessen Spitze nach hinten weist. Die Abbildung des letztgenannten Apparates beweist, daß die Elemente wiederum an einem Halter fächerähnlich aufgereiht sind. Hinsichtlich der verschiedenen Stellung des akzessorischen Elementes ist anzunehmen, daß die Lageveränderung durch die starke Vermehrung der hintereinander gereihten Elemente bei dem erwachsenen Tiere bedingt ist, in der Weise, daß es an dem bogenförmigen Halter seitlich immer weiter abgedrängt wird, bis es schließlich mit der Spitze nach hinten zu liegen kommt. Die Siphonalpartie hat vorn den breiten membranösen Lappen, wie er von der Gattung *Campylaspis* her bekannt ist.

Länge 5—6 mm, Männchen.

Procampylaspis tridentata STEBBING.

Nach STEBBING (1912) sind die Elemente bei dem von ihm beschriebenen Männchen zahlreich und relativ lang. Aus der Zeichnung ist nicht zu ersehen, in welcher Weise sie inserieren, scheinbar an der medialen Wand direkt. Die Siphonalpartie ist nicht abgebildet.

Länge 4,5 mm, Männchen.

Zusammenfassung.

Der Bau des Kiemenapparates dieser Gattung ist nicht eindeutig bestimmt. Bei *Procampylaspis armata* konnte festgestellt werden, daß die Elemente fächerähnlich an einem Halter aufgereiht sind. Diese Art besitzt auch das ruderblattähnliche Ende der Siphonalpartie. Ferner ergibt sich die Tatsache, daß die Anzahl der Elemente beim reifen Männchen größer ist als beim jungen.

Übersicht über die Familie Nannastacidae.

Einen stark ausgesprochenen Geschlechtsdimorphismus weisen die Genera *Nannastacus* und *Cumella* — vielleicht auch *Cumellopsis* — auf. Das Weibchen besitzt einen Kiemenapparat ohne Kiemenplatte und Elemente. Das Männchen dagegen trägt zahlreiche, mittellange, etwas abgeflachte Elemente in fächerähnlicher Stellung an einem beweglichen Halter der der Kiemenplatte der Diastyliden entspricht. Das Integument ist weich.

Nicht einheitlich zeigt sich die Gattung *Campylaspis*, an Körpermaß größer und mit härterem Integument. Die Elemente sind auch beim Weibchen in mittlerer Anzahl vorhanden und stehen bald längs des Randes der Medialwand, bald an dem bekannten Halter. Innerhalb des Genus *Procampylaspis* konnte an einer Spezies die letztgenannte Insertionsart festgestellt werden.

Nicht mit Sicherheit können die Genera *Platycuma* und *Schizotrema* gedeutet werden; bei ersterem ist die auffallende Erscheinung zu verzeichnen, daß selbst der Kiemenapparat des Männchens nur ein einziges Element trägt.

Das akzessorische Element ist, wenn es überhaupt vorgefunden wurde, mit der Spitze nach hinten gerichtet; eine Ausnahme machen *Nannastacus sauteri* und das junge Männchen von *Procampylaspis armata*, bei denen die Lage umgekehrt ist.

Die Siphonalpartie ist bei *Nannastacus* nur mittelgroß, ragt bei *Cumella* ein gutes Stück über das Pseudorostrum hinaus und nimmt bei *Campylaspis* und *Procampylaspis* sogar eine breite, ruderblattähnliche Form an, die eine besonders große Tubenbildung ermöglicht.

6. Familie Bodotriidae.
Genus *Vauntompsonia* Sp. Bate.
Vauntompsonia meridionalis G. O. Sars.

Bei Sars (1887) findet sich die Bemerkung, daß die Endplatte der Siphonalpartie vor den Karapax reiche; sie ist sehr dünn, membranös und zu einem kleinen, etwas tubulösen Lappen ausgezogen. Das Integument ist sehr dünn und nur sehr wenig verhärtet. C. Zimmer (1908) sagt, daß vier Elemente vorhanden sind, die von vorn nach hinten an Größe abnehmen und in einer Reihe stehen. Sie sind schlauchförmig. Der Endteil der Siphonalpartie ist dünn und weich.

Der von den Enden der Siphonalpartien gebildete Tubus ragt deutlich unter dem Pseudorostrum hervor. Bei der Präparation läßt sich der Karapax leicht abheben, ein Zeichen für seine geringe Sprödigkeit. Man findet eine lang und

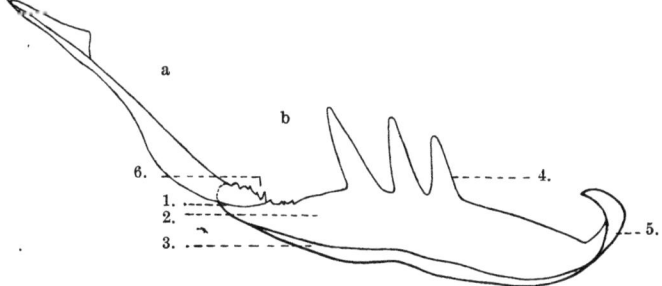

Abb. 27. *Vauntompsonia meridionalis*. G. O. Sars. Kiemenapparat links (etwa 27 × vergr.).
a Siphonalpartie. b Kiemenpartie. 1. Vord. Zipfel. 2. Medialwand. 3. Lateralwand. 4. Elemente. 5. Hint. Zipfel. 6. Ansatzstelle am Maxillipes (abgerissen).

schmal gebaute Kiemenpartie (Abb. 27) und eine spitz auslaufende, mit einem großen membranösen Seitenlappen versehene Siphonalpartie. Die beiden Spitzen sind nicht miteinander verfalzt.

Die mediale Wand der Kiemenpartie ist hochgezogen und trägt etwa in ihrer Mitte aufgerichtet die Elemente. Ich fand zwei größere und ein kleines. Sie sind an der Basis breit, am Ende spitz. Ein akzessorisches Element ist nicht vorhanden. Der hintere Zipfel der Kiemenpartie ist nach vorn umgebogen.

Ein Männchen stand für die Untersuchung nicht zur Verfügung.

Länge 12 mm, Weibchen.

Vauntompsonia brevirostris (NORM.).

Nach der Darstellung von BONNIER (1896) ist der Kiemenapparat reduziert. Die Abbildung zeigt in der Mitte der Medialwand ohne Kiemenplatte vier mittellange Elemente und ein akzessorisches, das mit der Spitze nach hinten gerichtet ist. Am Pseudorostrum ragt der Egestionstubus vor, der von den breiten Seitenlappen der Siphonalpartien gebildet wird.

Länge 16 mm, junges Männchen.

Vauntompsonia cristata SP. BATE.

Nach SARS (1879) ist der Kiemenapparat verhältnismäßig lang und schmal. Die Elemente sind auf ein kurzes Stück in der Mitte beschränkt und gering an Zahl: 4 und ein akzessorisches, dessen Spitze nach hinten weist. Auch hier bilden die Siphonalpartien mit ihren Seitenlappen einen vor das Pseudorostrum reichenden Egestionstubus. Das Integument ist weich und dünn.

Länge 6 mm.

Zusammenfassung.

Der Kiemenapparat dieser Gattung ist lang und schmal. Eine Kiemenplatte ist nicht vorhanden. Die Elemente sind gering an Zahl und inserieren am oberen Rande der medialen Wand. Die Siphonalpartien sind mit einem großen Seitenlappen versehen und bilden zusammen einen vor das Pseudorostrum reichenden Tubus. Das akzessorische Element weist mit der Spitze nach hinten, nur bei *Vauntompsonia* fehlt es. Das Integument ist wenig inkrustiert. Von dem früheren Genus *Bathycuma* HANSEN, das nunmehr in der Gattung *Vauntompsonia* aufgegangen ist, berichtet HANSEN (1895), daß der Kiemenapparat beiter sei als bei *Vauntompsonia* und 8 Elemente trage, die von einer ähnlichen Form wie bei *Cumopsis* zu sein scheinen und in einer Längsreihe sitzen, die hinten mit der Kante der Medialwand zusammenfällt, vorn sich von dieser entfernt.

Genus *Leptocuma* G. O. SARS.

Leptocuma minor CALMAN.

CALMAN (1912) berichtet, daß am Kiemenapparat etwa 7 breite, abgeplattete Elemente in einer Reihe geordnet vorhanden sind; außerdem ein sehr großes akzessorisches. Eine Abbildung ist nicht gegeben.

Länge 7,5 mm.

Genus *Sympodoma* STEBBING.

Sympodoma africana STEBBING.

STEBBING (1912) gibt eine Zeichnung, nach der mindestens 10 lange und die Kiemenpartie ausfüllende Elemente vorhanden sind. Ihre Insertion ist nicht genau ersichtlich. Das akzessorische Element fehlt. Die Siphonalpartie besitzt einen breiten Seitenlappen.

Länge 18 mm, subadultes Männchen.

Genus *Heterocuma* MIERS.

Heterocuma africana C. ZIMMER.

Der weiche Karapax dieser Spezies läßt sich bei der Präparation leicht abheben. Eine Kiemenplatte ist nicht vorhanden; die zahlreich vertretenen

Elemente inserieren vielmehr direkt am oberen Rande der hochgezogenen medialen Wand. Sie stehen dichtgedrängt nebeneinander und zählen 18 Stück und ein akzessorisches, dessen Spitze nach hinten gerichtet ist. Von den ersteren ist das hinterste rudimentär, das größte steht vorn in der Nähe der Insertionsstelle der Anhänge am Maxillipes. Sie nehmen also von hinten nach vorn an Größe stark zu (Abb. 28).

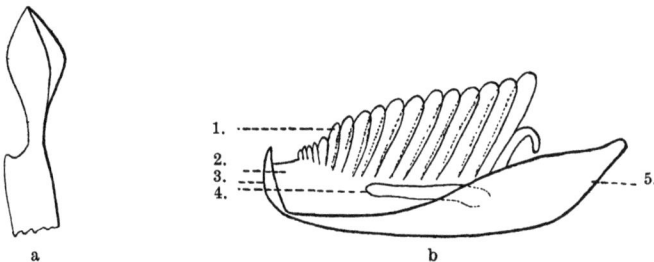

Abb. 28. *Heterocuma africana* C. ZIMMER. Kiemenapparat rechts (etwa 50 × vergr.). a Siphonalpartie. b Kiemenpartie. 1. Elemente. 2. Medialwand. 3. Hint. Zipfel. 4. Access. Element. 5. Vord. Zipfel.

Die Siphonalpartie ist als relativ breites Band entwickelt und trägt vorn eine lanzettenähnliche Spitze mit membranösem Seitenlappen. Es wird nur ein kleiner unvollkommener Tubus gebildet.

Länge 4 mm, halbwüchsiges Tier.

Heterocuma sarsi MIERS.

CALMAN (1910) berichtet, daß eine große Anzahl von Elementen, rund 40, in einer geraden Reihe geordnet sind. Sie sind lang und nehmen von hinten nach vorn an Größe zu. Ein akzessorisches Element ist nicht vorhanden. Nach der Zeichnung findet die Insertion am Rande der medialen Wand statt. Die Siphonalpartie besitzt einen breiten Seitenlappen.

Länge 17 mm, unreifes Weibchen.

Zusammenfassung.

Bei diesem Genus findet sich ein Kiemenapparat ohne Kiemenplatte mit zahlreichen Elementen, die am Rande der Medialwand inserieren. Das akzessorische Element ist nicht bei allen Spezies vorhanden. Bei *Heterocuma africana* weist die Spitze nach hinten. Die Siphonalpartie besitzt vorn eine lanzettenähnliche Spitze mit breitem Seitenlappen. Doch wird nur ein mittelgroßer Sipho gebildet. Das Integument der unreifen Vertreter der Spezies *Heterocuma africana* ist weich.

Genus *Iphinoe* SP. BATE.

Iphinoe trispinosa (GOODSIR).

SARS (1879 und 1900) gibt Zeichnungen des Kiemenapparates, nach denen unter dem schmalen, nach vorn spitz auslaufenden Karapax eine breitgebaute, mit zahlreichen großen Elementen versehene Kiemenpartie vorhanden ist.

Eigener Befund. Bei der Besichtigung des Karapax sieht man die Spitzen der Siphonalpartien unter dem Pseudorostrum ein kurzes Stück hervorragen; sie sind nicht miteinander verfalzt. Eine tubenartige Einrollung war nur in geringem Maße festzustellen. Bei der Präparation stößt man auf ein etwas sprödes Integument. (Abb. 29).

684 H. Simon:

Die mediale Wand der kahnförmigen Kiemenpartie ist höher als die laterale und trägt die Elemente. Es sind mittellange, abgeflachte Schläuche, die dicht und etwas schräg aufrecht gestellt den Rand der Medialwand innehaben. Ihre Zahl ist 20. Außerdem findet sich am Boden ein akzessorisches Element. Es entspringt in der Gegend des 4. aufrecht stehenden und reicht bis zum 12. Die Elemente nehmen an Größe von hinten nach vorn zu. Das vordere Ende der Kiemenpartie stellt einen schmalen Lappen dar, der unter der Siphonalpartie nicht besonders deutlich hervortritt. Das hintere Ende hat die Form eines großen nach vorn umgebogenen Zipfels.

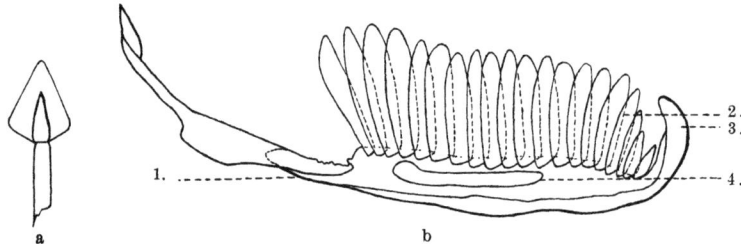

Abb. 29. *Iphinoe trispinosa (Goodsir)*. Kiemenapparat links (etwa 25 × vergr.). a Siphonalpartie. b Kiemenpartie. 1. Vord. Zipfel. 2. Elemente. 3. Hint. Zipfel. 4. Access. Elemente.

Die Siphonalpartie ist in der proximalen Hälfte am breitesten, die distale verjüngt sich und endet mit einer Spitze, deren beide Seiten eine Membran besitzen. Die Membranen sind nach innen umgeklappt.

Beim Männchen ist der Kiemenapparat kräftiger entwickelt. Die Elemente sind mit 25 Stück vertreten. Sie stehen deshalb besonders dicht und sind länger als beim Weibchen. Die Aneinanderreihung geschieht in gerader Linie.

Länge 10 mm, Weibchen und Männchen.

Iphinoe crassipes HANSEN.

STEBBING (1910) gibt eine Zeichnung des Kiemenapparates. Er gleicht sehr dem von *I. trispinosa*. Es sind 16 in gerader Reihe geordnete Elemente vorhanden, die dicht gedrängt am Rande der Medialwand inserieren; vorn befindet sich das größte, hinten das kleinste. Ein akzessorisches Element ist nicht dargestellt. Die Siphonalpartie gleicht der von *I. trispinosa*.

Länge 8 mm, adultes Männchen.

Iphinoe serrata (NORM.).

Bei STEBBING (1913) findet sich die Bemerkung, daß die Elemente zahlreich auftreten.

Länge 12 mm.

Iphinoe zimmeri STEBBING.

STEBBING (1910) berichtet von dieser Spezies, daß die Elemente zahlreich sind. Auf der beigegebenen Zeichnung ist ihre Anordnung wie bei *I. trispinosa* dargestellt. Ein akzessorisches Element ist nicht vorhanden. Die Siphonalpartie gleicht der von *I. trispinosa*.

Länge 9 mm, Männchen.

Zusammenfassung.

Die Gattung *Iphinoe* besitzt einen Kiemenapparat mit zahlreichen flachen Elementen ohne Kiemenplatte. Die Elemente stehen dicht gedrängt an der Medialwand aufwärts gerichtet. Ein akzessorisches Element wurde nur bei *I. trispinosa* festgestellt; es ist mit der Spitze nach hinten gerichtet. Die Siphonalpartien bilden jede für sich einen kleinen vor das Rostrum reichenden Sipho. Das Integument ist nur mäßig weich.

Genus Cumopsis G. O. SARS.

Cumopsis goodsiri v. BEN.

SARS (1879) berichtet, daß der Kiemenapparat gut entwickelt ist und die Elemente' blattförmig dicht zusammengedrängt in einer regelmäßigen Reihe aufgestellt sind. Ihre Zahl ist 12 und ein akzessorisches, das mit der Spitze nach hinten gerichtet ist. Nach der Zeichnung inserieren die Elemente am Rande der Medialwand. Die Siphonalpartie gleicht der von *Iphinoe trispinosa*, doch ist nur eine Membran zu sehen. Das Integument ist weich.

Länge 5 mm.

Genus Cyclapsis G. O. SARS.

Cyclaspis australis G. O. SARS.

Nach SARS (1887) ist die Kiemenpartie längs der inneren Kante mit einer regelmäßigen Serie lamellöser Elemente versehen, die nach vorn an Größe zunehmen. Das vorderste ist rückwärts gerichtet. Nach der Zeichnung sind die Elemente relativ kurz. Es sind 13 und ein akzessorisches, dessen Spitze nach hinten gerichtet ist, vorhanden. Eine Kiemenplatte fehlt. Die Siphonalpartie läuft in eine verhärtete, mit 6 gebogenen Borsten bewaffnete Lamelle aus, die von einem sehr dünnen durchsichtigen Saum umfaßt wird. Das Integument ist sehr hart und kalkig.

Länge 8 mm.

Cyclaspis elegans CALMAN.

CALMAN (1911) bemerkt, daß der Kiemenapparat gut entwickelt ist. Beim Weibchen ergaben sich etwa 12 Elemente und ein akzessorisches, dessen Spitze nach hinten weist, beim Männchen 17 Elemente. Nach der Zeichnung inserieren sie an der Medialwand. Die Siphonalpartie läuft in einen großen Seitenlappen aus. Der gebildete Tubus ragt über das Pseudorostrum hinaus.

Länge 6,3 mm, Weibchen; 6,2 mm, Männchen.

Cyclaspis longicaudata G. O. SARS.

BONNIER (1886) berichtet, daß die Kiemenpartie länger ist als die Siphonalpartie. In ihrem Innern trägt sie 7 oder 8 Elemente. Aus der Zeichnung geht hervor, daß die Elemente an einem Halter aufgereiht sind. Es ist ein akzessorisches Element vorhanden, dessen Spitze nach hinten weist. Auch die von SARS (1900) gegebene Zeichnung beweist die fächerähnliche Aneinanderreihung. Die Siphonalpartie besitzt den membranösen Seitenlappen. Es werden zwei kleine Siphonen gebildet.

Länge 8 mm, junges Weibchen (BONNIER).

Zusammenfassung.

Es ergibt sich kein einheitliches Bild. *Cyclaspis australis* und *elegans* besitzen einen Kiemenapparat ohne Kiemenplatte mit Elementen in mittlerer, beim Männchen vermehrter Anzahl; sie inserieren am Rande der Medialwand. *Cyclaspis longicaudata* trägt die Elemente an einem Kiemenhalter fächerähnlich geordnet. Sie sind an Zahl geringer. Das akzessorische Element ist überall vertreten und weist mit der Spitze nach hinten. Da es sich in letzterem Fall bei der Darstellung BONNIERS, auf die ich mich hauptsächlich stütze, um ein junges Weibchen handelt, bei dem die Verwachsung des Halters in seiner ganzen Länge mit der Medialwand noch eintreten könnte, habe ich an einem zur Verfügung stehenden jungen Weibchen von *Vauntompsonia meridionalis* den Kiemenapparat nachgeprüft. Es ergab sich jedoch auch bei dem jungen Tier der weiter oben festgestellte Befund, nach dem die Elemente an der Medialwand inserieren. Demnach ist der Unterschied bei *Cyclaspis longicaudata* und den beiden anderen Spezies *Cyclaspis australis* und *elegans* nicht durch den Jugendzustand zu erklären.

Die Siphonalpartien enden spitz mit einem membranösen Seitenlappen. Die Siphobildung ist getrennt. SARS hat bei *Cyclaspis australis* an der Spitze 6 Borsten gefunden.

Genus *Cyclaspoides* BONNIER.

Cyclaspoides sarsi BONNIER.

Nach BONNIER (1896) trägt die Kiemenpartie etwa 10 Elemente. Die Siphonalpartie ist sehr lang und tubenförmig. Ihre äußerste Spitze ragt weit über das Pseudorostrum hinaus. Auf der Zeichnung sind kurze Elemente wiedergegeben, die am Rande der medialen Wand inserieren. Ein akzessorisches Element ist nicht vorhanden.

Länge 5 mm.

Genus *Eocuma* MARCUSEN.

Eocuma taprobanica CALMAN.

Nach CALMAN (1914) ist der Kiemenapparat gut entwickelt. Die Elemente sind 22 an der Zahl, beim Männchen 33. Ein akzessorisches ist nicht vorhanden. Sie inserieren am Rande der Medialwand. Die Siphonalpartie besitzt einen breiten Seitenlappen. Über die Siphobildung ist nichts zu ersehen.

Länge 11,1 mm, subadultes Weibchen; 9,3 mm, adultes Männchen.

Genus *Zygosiphon* CALMAN.

Zygosiphon mortenseni CALMAN.

CALMAN (1911) beschreibt den Kiemenapparat dieser Spezies: die Elemente sind sehr klein entwickelt, lediglich zwei kleine Papillen sind vorhanden. Die Siphonalpartie ist bemerkenswert groß; ihr distaler Teil bildet einen langen, vorstreck- und zurückziehbaren Sipho. Der proximale Teil ist durch einen chitinösen Strang verstärkt, mit welchem distal eine löffelförmige Platte verbunden ist, die wie ein Ventil die Branchialöffnung verschließt. Außerdem ist der Tubus von einem breiten und sehr langen Streifen einer durchsichtigen Membran gebildet, die in eine Spirale mit zahlreichen Windungen teleskopartig ineinander aufgerollt ist. Die Membran ist der Länge nach mit parallelen Streifen und Falten versehen, welche ein vollständiges spiraliges Muster bilden, wenn sie aufgerollt ist. Wenn der Sipho völlig ausgestreckt ist, reicht er über die Branchialöffnung um die doppelte Länge der vorderen Karapaxpartie hinaus. Wenn die Windungen geschlossen sind, bildet er einen kurzen vor der Öffnung liegenden Kegel. Sehr oft waren bei dem konservierten Material die Siphonen ungleich auf den beiden Seiten ausgestreckt.

Der Kiemenapparat beim Männchen unterscheidet sich wesentlich von dem des Weibchens, da er etwa 9 sehr breite lamellöse Elemente besitzt, die an Größe hinten und an den Spitzen zunehmen.

Länge 2,6 mm, Weibchen; 2,7 mm, Männchen.

Übersicht über die Familie Bodotriidae.

Bei dieser Familie ergibt sich ein Kiemenapparat ohne Kiemenplatte mit meist abgeplatteten Elementen in verschiedener Anzahl. Sie schwankt von 2—40 Stück. Sie inserieren am Rande der Medialwand. Die einzige Ausnahme macht die Spezies *Cyclaspis longicaudata*, bei der die Insertion an einem Kiemenhalter durch BONNIER festgestellt wurde. Das akzessorische Element weist überall, wo es vertreten, mit der Spitze nach hinten.

Das Integument ist teils weich, dann sind nur wenige Elemente vorhanden (*Vauntompsonia, Cumopsis*); teils hart, dann ist die Zahl der Elemente vermehrt (*Cyclaspis*).

Die Siphonalpartien sind mittellang, spitz und mit membranösen Seitenlappen versehen. Es wird nur ein Sipho bei *Vauntompsonia* und *Heterocuma*, zwei bei *Iphinoe, Cyclaspis, Cyclaspoides* und *Zygosiphon* gebildet. Zwei Besonderheiten im Bau des Sipho sind hervorzuheben. *Cyclaspoides sarsi* besitzt lange, eingerollte und *Zygosiphon mortenseni* besonders lange, teleskopartig verschiebliche Siphonen. Die Kiemenelemente sind bei beiden Spezies reduziert. Bei der erstgenannten Art wurden 10 kleine Elemente und bei *Zygosiphon* sogar nur 2 kleine Papillen von den Autoren festgestellt. Dadurch ergibt sich eine funktionelle Abhängigkeit der beiden Partien voneinander. Die starke Ausbildung der Siphonalpartien geht mit einer Reduktion der Kiemenelemente Hand in Hand.

Schlußzusammenfassung.

Überblicken wir die gebotenen Ausführungen, so ergibt sich folgendes Bild. Der Kiemenapparat der Cumaceen besteht aus zwei Hauptteilen, der Kiemenpartie und der Siphonalpartie, die beide gemeinsam am Coxopodit des ersten Maxillipes inserieren und als Epipoditenteile anzusehen sind. Bei allen Familien besitzt die Kiemenpartie eine mehr oder weniger kahnförmige Gestalt und ist nur bei *Dimorphostylis asiatica* etwas modifiziert. Es finden sich zwei Seitenwände, die laterale und die mediale, die vorn und hinten in einen gemeinsamen Zipfel auslaufen. Die Kiemenpartie trägt die Kiemenelemente, soweit solche vorhanden sind.

Sie fehlen gänzlich nur wenigen Gattungen: den Weibchen des Genus *Nannastacus* und *Cumella*, beiden Geschlechtern der Genera *Leptostylis*, *Dic* und *Gynodiastylis*, deren Spezies zu den kleinen und kleinsten Vertretern der Cumaceen gehören und ein weiches oder nur gering inkrustiertes Integument besitzen.

Sie sind angedeutet bei den Spezies *Heteroleucon acaroensis*, *Paraleucon suteri* und *Zygosiphon mortenseni*, welche nicht über 3 mm Körperlänge erreichen.

Sie sind nur in geringer Anzahl — etwa bis 10 Stück — vertreten bei den meisten Angehörigen der Ordnung: den Familien Lampropidae, Pseudocumidae, Leuconidae, den Genera *Vauntompsonia*, *Leptocuma*, *Cyclaspoides*, *Colurostylis* und *Dimorphostylis* mit durchschnittlicher Körperlänge von 8—9 mm.

Sie sind in mittlerer Anzahl — bis zu 15 Stück — anzutreffen bei den Genera *Campylaspis* (Weibchen) und *Cyclaspis* mit etwa derselben Körperlänge, aber mit härterem Integument.

Sie sind zahlreich vorhanden — über 15 Stück — bei *Iphinoe*, *Eocuma*, *Diastylis* (ausgenommen die kleine Spezies *Diastylis lucifera*), und *Diastylopsis*, die meist ein hartes, verkalktes Integument und besondere Größe besitzen.

Dadurch wird ein bestimmtes Abhängigkeitsverhältnis der Elementezahl von der Größe des Tieres oder der Permeabilität seines Integuments bewiesen. Zur besseren Übersicht diene die folgende Tabelle (s. nächste Seite).

Bei den Elementen sind zwei Gruppen zu unterscheiden: eine in einer Reihe geordnete Hauptgruppe und ein einzeln stehendes Element, das akzessorische.

Die Hauptgruppe sitzt entweder direkt am oberen Rande der Medialwand, aufrechtstehend, wie bei den Familien Lampropidae, Pseudocumidae, Leuconidae, Bodotriidae und vereinzelten Spezies der übrigen Familien, oder es ist ein Elementträger vorhanden, der zwei verschiedene Formen annimmt:

1. ein Kiemenhalter, an dem die Elemente fächerähnlich aufgereiht sind und der nur an einer im vorderen Abschnitt der Kiemenpartie gelegenen Ansatzstelle mit der Kiemenpartie in Verbindung steht, bei den Genera *Nannastacus*, *Campylaspis* und *Procampylaspis*;

2. eine Kiemenplatte im hinteren Abschnitt der medialen Wand. Sie ist in das Innere der Kiemenpartie hineingeklappt und trägt an ihrem bogenförmigen freien Rande die Elemente: bei den Genera *Diastylis* und *Diastylopsis*.

Das akzessorische Element ist bei allen Familien vertreten; hinsichtlich seines Vorhandenseins oder Fehlens bei den einzelnen Genera besteht keine Regelmäßigkeit. Es fehlt am häufigsten innerhalb der

Bezeichnung	Integument	ungef. Größe	E.-Zahl	
Nannastacus (Weibchen)	weich	1—2 mm	0	—
Cumella (Weibchen)	„	2—3 „	0	—
Leptostylis	—	4—6 „	0	—
Dic	—	5 „	0	—
Gynodiastylis	—	1—4 „	0	—
Heteroleucon acaroen.	—	2 „	2	ang.
Paraleucon suteri	—	2,5 „	2	„
Zygosiphon mort. (Weibchen)	—	2,6 „	2	„
Lampropidae	weich	10 „	6	durch-
Pseudocumidae	„	7 „	3	schn.
Leuconidae	„	7 „	5	—
Vauntompsonia	„	9 „	4	—
Leptocuma	—	7 „	8	—
Cyclaspoides	—	5 „	10	—
Colurostylis	—	4 „	10	—
Dimorphostylis	—	4 „	8	—
Campylaspis (Weibchen)	hart	5 „	11	—
Cyclaspis	„	7 „	12	—
Iphinoe	„	10 „	20	—
Eocuma	„	11 „	22	—
Diastylis	hart	12 „	20	—
Diastylopsis	„	15 „	33	—

Familie Bodotriidae (bei etwa 50 vH. der besprochenen Arten), am seltensten der Familie Lampropidae (bei etwa 12 vH. der besprochenen Arten). Seine Stellung kann entsprechend seiner Insertion eine zweifach verschiedene sein. Entweder der Insertionspunkt liegt im vorderen Abschnitt der Kiemenpartie, dann ist es mit der freien Spitze nach hinten gerichtet, bei *Platytyphlops peringueyi*, den Genera *Eudorella, Leucon, Cumella, Campylaspis* und *Cyclaspis* neben vereinzelten Spezies der anderen Familien. Oder die Insertion findet im hinteren Abschnitt statt, dann liegt die freie Spitze vorn, bei den Familien Lampropidae (ausgenommen *Platytyphlops peringueyi*), Pseudocumidae und Diastylidae (ausgenommen *Makrokylindrus longicaudata*). Erklärlich ist die Stellung dieses einzelnen Elementes überall dort, wo die Hauptgruppe der Elemente fächerähnlich an einem Halter aufgereiht ist, der selbst im vorderen Abschnitt der Kiemenpartie entspringt, wie etwa bei dem Genus *Campylaspis*. Auch das akzessorische Element neigt sich dann nach hinten. Es ist naheliegend anzunehmen, daß das akzessorische Element, ursprünglich zur Hauptgruppe gehörend, im Laufe der Entwicklung sich bei den einzelnen Genera verschieden weit abgetrennt hat, ja sogar in die Tiefe der Kiemenpartie gerückt ist, wie bei den Diastyliden, wo es sich dann mit der Spitze nach vorn wendet. *Procampylaspis armata*, bei der das akzessorische Element „noch" nach vorn weist, stellt jedenfalls eine Übergangsstufe dazu dar.

Die Form der Elemente ist fingerförmig, d. h. rund und nur wenig abgeflacht bei der Familie Diastylidae oder lang und flach bei der Familie Bodotriidae oder mittellang und etwas abgeflacht bei den Familien Lampropidae, Leuconidae und Nannastacidae oder schließlich kurz und etwas abgeflacht bei der Familie Pseudocumidae. Es ergibt sich also, daß die Familie Diastylidae mit dem härtesten Integument, der größten Körperlänge und den meisten Elementen auch die längste Form besitzt, daß dagegen umgekehrt die Familie Pseudocumidae mit weichem Integument, wenigen Elementen und geringer Körperlänge über die kurze Form verfügt.

Bei allen besprochenen Spezies nehmen die Elemente in der Reihenanordnung von hinten nach vorn an Größe zu, bis auf eine einzige Ausnahme, die CALMAN bei *Zygosiphon mortenseni* beschreibt.

Die Aufgabe der Kiemenpartie durch Bewegung für die Erneuerung des Atemwassers zu sorgen, bedingt es, daß dort, wo von ihr der weiteste Weg zurückzulegen ist — am hinteren Zipfel — die kurzen Elemente und umgekehrt, wo die Bewegung weit geringer ist — in der Nähe der Insertionsstelle am Maxillipes — die längsten Elemente ansetzen. Beim Männchen der Spezies *Zygosiphon mortenseni* sind an sich die Elemente nicht als sonderlich lang, höchstens als mittellang zu bezeichnen. Ich nehme wegen ihrer entgegengesetzten Größenzunahme an, daß die Bewegung der Kiemenpartie bei dieser Art nur eine geringe ist. Ein anderer wichtiger Grund, der mich in dieser Auffassung bestärkt, soll weiter unten erörtert werden.

Die Siphonalpartie, mit der Kiemenpartie verwachsen, wendet sich von der Insertionsstelle nach vorn zum Pseudorostrum und endet dort mit einer mehr oder weniger lanzettenähnlichen Spitze, die an ihrer Außenseite, manchmal auch an ihrer Innenseite eine Membran trägt. Wo überhaupt kein membranöser Seitenlappen gefunden wurde (*Lamprops fuscata*), glaube ich, daß dies auf einen weniger guten Erhaltungszustand des Materials zurückzuführen ist. Die beiden Spitzen können sich mit Hilfe der seitlichen Membranen vereinigen und teilweise mit den Spitzen des Pseudorostrums einen gemeinsamen Egestionstubus bilden: bei den Familien Diastylidae, Leuconidae und beim Genus *Vauntompsonia*. Dies geschieht mitunter durch feste Verbindung der beiden Spitzen mittels Verfalzung der aneinander liegenden Seiten der Lanzettenhälften: Familie Diastylidae. Eine Trenunng der beiden Siphonalpartien — jede bildet dann für sich einen Tubus — ist bei den

Familien Lampropidae und Pseudocumidae, vor allem aber bei den Spezies *Cumella gracillima* und bei *Zygosiphon mortenseni* zu beobachten.

Der gebildete Sipho, ob in der Einzahl oder Mehrzahl, kann entweder klein sein und nur wenig unter dem Pseudorostrum hervorstehen; bei den Familien Lampropidae, Pseudocumidae, Bodotriidae (mit zwei Ausnahmen: *Cyclaspoides sarsi* und *Zygosiphon mortenseni*) und Diastylidae, — oder durch Streckung der Membran mittelgroß und ein gutes Stück sichtbar werden; bei den Familien Leuconidae, Nannastacidae, — oder schließlich das Extrem erreichen bei den Spezies *Cumella gracillima* und *Zygosiphon mortenseni*, wo die beiden Siphonen fernrohrähnlich verlängert und verkürzt werden können.

Diese Gruppierung nach der Entwicklung des Egestionstubus zeigt deutlich, daß eine kleine Form überall dort auftritt, wo entweder das Integument weich ist (Lampropidae, Pseudocumidae), oder bei hartem Integument die Kiemenelemente vermehrt sind (Bodotriidae, Diastylidae). Die groß entwickelte Siphoform findet sich dagegen überall dort, wo das Integument undurchlässig ist und die Elemente gering an Zahl oder überhaupt nur angedeutet sind (Nannastacidae, *Zygosiphon*). So ergibt sich daraus eine weitere Beziehung zwischen Integument, Elementezahl und Siphonengröße. Die Siphonen bei *Zygosiphon* haben die Dekarbonisierung des Blutes zum großen Teil übernommen, da beim Weibchen die Elemente nur angedeutet vorhanden sind. Selbst beim Männchen scheint unter diesen Umständen die Funktion der Kiemenpartie hinsichtlich ihrer Bewegung beschränkt zu sein, denn die Elemente nehmen im Gegensatz zu allen anderen Spezies von vorn nach hinten an Größe zu.

Zum Schluß sei noch auf den vielfach aufgefundenen, stark ausgeprägten Geschlechtsdimorphismus im Bau des Kiemenapparates hingewiesen. Es lassen sich drei Formen dabei unterscheiden.

1. Dem Weibchen fehlen die Elemente gänzlich; das Männchen besitzt Elemente in mittlerer Anzahl (*Nannastacus, Cumella, Cumellopsis*);

2. die Anzahl der Elemente ist bei dem Männchen vermehrt (*Eudorella emarginata, Eudorellopsis integra, Campylaspis rubicunda, Iphinoe trispinosa, Eocuma taprobanica*);

3. neben der Vergrößerung der Elementezahl zeigt sich eine besondere Anordnung in Doppelspiralform (*Diastylis glabra, Diastylis rathkei, Diastylis rugosa*).

Besonders auffallend ist dieser Unterschied im Bau des Kiemenapparates bei den Männchen im Hochzeitskleide. Diese sind in diesem Stadium beweglicher als die Weibchen und schwimmen frei im Wasser umher, um die Weibchen für die Copula aufzusuchen.

Literaturzusammenstellung.

Bonnier, J.: Edriophthalmes. Résult. sci. Camp. Caudan. 527—562, Taf. 28 bis 30. 1896. — **Burmester, J.:** Beiträge zur Anatomie und Histologie von *Cuma Rathkei* Kr. Inaug. Diss. Kiel 1—43, Taf. 1—2. 1883. — **Calman, W. T.:** On the Cumacea. Pearl. oyst. fish. Rep. of the Gulf of Manaar. Part. II, 159 to 180, Taf. 1—5. 1904. — Ders.: Cumacea. Sci. Invest. Fish Ireland 1904. Part. IV, 1—52, Taf. 1—5. 1905. — Ders.: The Cumacea of the Puritan Exp. Mt. Stat. Neapel 17, 413—432, Taf. 27—28. 1906. — Ders.: On new or rare Crustacea of the Order Cumacea from the Collection of the Copenhagen Museum. Part. I, Tr. zool. soc. London 18, Nr. I, 1—39, Taf. 1—9. 1907. — Ders.: Crustacea. Kankester, Treatise on Zoology. London 1909. — Ders.: On *Heterocuma sarsi* Miers. Ann. nat. hist. Ser. 8, 6, 612—616, Taf. 10. 1910. — Ders.: On new or rare Crustacea of the Order Cumacea from the Collection of the Copenhagen Museum. Part. II. Tr. zool soc. London 18, Nr. IV, 341—385, Taf. 32—37. 1911. — Ders.: The Crustacea of the Order Cumacea in the Collection of the United States Nat. Mus. P. U. S. Mus. 41, 603—676, Fig. 1—111. 1912. — **Dohrn, A.:** Untersuchungen über Bau und Entwicklung der Arthropoden. Jenaische Zeitschr. f. Naturwiss. 5, 54—81, Taf. 2—3. 1870. — **Gerstaecker, A.** u. **Bronn, N. G.:** Die Klassen und Ordnungen des Tierreiches 5, Abt. II. Leipzig 1901. — **Giesbrecht, W.:** Crustacea. In: Lang, Handb. d. Morphol. Jena 1913. — **Hansen, H. J.:** Oversigt over de paa Dijmphna-Togtet insamlede Krebsdyr. Dijmphna-Udbytte 183—286, Taf. 20—24. 1886. — Ders.: Isopoden, Cumaceen, Stomatopoden d. Plankton-Exp. Ergebn. d. Plankton-Exp. II. G. c. 51—63, Taf. 6—7. 1895. — Ders.: Crustacea, Malacostraca IV. Ingolf-Exp. 3, Part. 6, 1—74, Taf. 1—4. 1920. — Ders.: Studies on Arthropoda II. Copenhagen 1925. — **Sars, G. O.:** Om den aberrante Krebsdyrgruppe Cumacea og dens nordiske arter. Forh. Selsk. Christian. 128—208. 1864. — Ders.: Beskrivelse af de paa fregatten Josephines Exp. fund. Cumaceer. Svenska Ak. Handl. 9, Nr. 13, 1—57. Taf. 1—20. 1871. — Ders.: Nye Bidrag til Kundskaben om Middelhavets Invertebratfauna II. Middelhavets Cumaceer. Arch. Naturv. Kristian. 3—4, 1—196, Taf. 1—60. 1879. — Ders.: Report on the Cumacea coll. by H. M. S. Challenger during the years 1873—1876. Rep. Voy. Challenger 55, 1—78, Taf. 1—11. 1887. — Ders.: Crustacea caspia 2. Cumacea. Bull. Ac. St.-Pétersb. 13, 461—502, Taf. 1—12. 1893. — Ders.: An account of the Crustacea of Norway 3, Cumacea, 1—115, Taf. 1—72. 1900. — **Schuch, C.:** Beiträge zur Kenntnis d. Schalendrüse u. d. Geschlechtsorgane d. Cumaceen. Arb. a. d. neurol. Inst. d. Wiener Univ. 20, 7—22, Taf. 2—3. 1915. — **Schulze, Paul:** Ein neues Verfahren zum Bleichen und Erweichen tier. Hartgebilde. Sitzungsber. d. Ges. naturforsch. Freunde, Berlin. Nr. 8—10, 135—139. 1921. — **Stappers, L.:** Recherches sur le tube digest. des Sympodes. Cellule 25, 348 bis 384, Taf. 1—2. 1909. — Ders.: Crustacés Malacostracés. Camp. arctique de 1907 (Duc d'Orl.) 99—122. 1911. — **Stebbing, Th. R.:** On Crustacea brought by Dr. Willey from the south seas. Willey, Zool. Results. Part. 5, 609—613. Taf. 64. 1900. — Ders.: General Catalogue of South African Crustacea. Ann. S. Afr. Mus. 6, 409—418, Taf. 18—21. 1910. — Ders.: Gen. Cat. of S. Afr. Crust. Ebenda 10, 129—176, Taf. 49—64. 1912. — Ders.: Cumacea (Sympoda). Das

Tierreich. Berlin. 39. Lieferung. 1913. — **Zimmer, C.**: Die Cumaceen der deutschen Tiefsee-Exp. Ergebn. d. Tiefsee-Exp. **8,** 157—196, Taf. 36—46. 1908. — Ders.: Die Cumaceen der deutschen Südpolar-Exp. Ergebn. d. Südpolar-Exp. **14,** 439—491, Taf. 40—46. 1913. — Ders.: Mitteilung über Cumaceen des Berliner zoologischen Museums. Mitteil. d. zool. Museums Berlin **10,** Nr. 1, 117 bis 149. 1921. — Ders.: Einige neue und weniger bekannte Cumaceen des schwed. Reichsmuseums. Arkiv för Zool. Stockholm **13,** 1—9. 1921. — Ders.: Cumaceen (Northern and arctic invertebrates in the collection of the Swedish State Mus.) in Svenska Ak. Handl. ser. 3. **3,** Nr. 2, 1—87, Taf. 1—97, 1926.

Lebenslauf.

Ich, Karl Herbert Simon, evangelischer Konfession, wurde am 27. September 1894 als Sohn des Werkmeisters Julius Simon in Breslau geboren. Nach Absolvierung der Gymnasialvorschule in Oppeln besuchte ich die Gymnasien zu Oppeln, Breslau und Hirschberg; das letztere verließ ich 1914 mit dem Zeugnis der Reife. Von Anfang 1915 bis Ende 1918 war ich Kriegsteilnehmer. Ich widmete mich dem Studium der Naturwissenschaften, hauptsächlich Biologie und Paläontologie an den Universitäten Bonn, Göttingen und Berlin und besuchte die Vorlesungen und Übungen folgender Herren Professoren: Bonnet, Breysig, Deegener, Heider, Jensen, Kükenthal, H. Maier, Pompeckj, P. Schulze, Spranger, Stumpf, Voigt, Wertheimer und C. Zimmer.

Allen meinen hochverehrten Lehrern sage ich an dieser Stelle meinen ergebensten Dank.

MIX
Papier aus verantwortungsvollen Quellen
Paper from responsible sources
FSC® C105338

If you have any concerns about our products,
you can contact us on
ProductSafety@springernature.com

In case Publisher is established outside the EU,
the EU authorized representative is:
**Springer Nature Customer Service Center GmbH
Europaplatz 3, 69115 Heidelberg, Germany**

Printed by Libri Plureos GmbH
in Hamburg, Germany